五彩斑斓的
化学

主编◎孙军朝

U0251775

★寓趣味于科学性，引起兴趣，促进好学

★寓科学于趣味性，激发认知，以求更优

四川大学出版社

项目策划：周　艳
责任编辑：周　艳
特约编辑：张　澄
责任校对：谢　瑞
封面设计：胜翔设计
责任印制：王　炜

图书在版编目（CIP）数据

五彩斑斓的化学 / 孙军朝主编 . — 成都 ： 四川大
学出版社，2020.9
　ISBN 978-7-5690-2170-7

Ⅰ．①五… Ⅱ．①孙… Ⅲ．①化学－青少年读物
Ⅳ．① 06-49

中国版本图书馆 CIP 数据核字（2018）第 174219 号

书名　五彩斑斓的化学
WUCAIBANLAN DE HUAXUE

主　　编　孙军朝
出　　版　四川大学出版社
地　　址　成都市一环路南一段 24 号（610065）
发　　行　四川大学出版社
书　　号　ISBN 978-7-5690-2170-7
印前制作　四川胜翔数码印务设计有限公司
印　　刷　成都金龙印务有限责任公司
成品尺寸　148mm×210mm
印　　张　6.25
字　　数　125 千字
版　　次　2020 年 9 月第 1 版
印　　次　2020 年 9 月第 1 次印刷
定　　价　45.00 元

◆ 读者邮购本书，请与本社发行科联系。
　 电话：(028)85408408/(028)85401670/
　 (028)86408023　邮政编码：610065
◆ 本社图书如有印装质量问题，请寄回出版社调换。
◆ 网址：http://press.scu.edu.cn

四川大学出版社
微信公众号

目录

CONTENTS

第八章　化学魔术

第一章　化学概述

1. 化学发展简史

材料的发展史，也是化学的发展史。钻木取火，火烧食物，火陶工艺，青铜冶炼，火药制作，光纤通信，火箭升空，药物合成，无不与化学技术有关。正是这些化学技术，创造了无数的生产生活材料，极大地促进了社会生产力的发展。

化学是研究物质组成、结构、性质、变化、制备及应用的科学。化学这门基础学科在科学技术、生产生活等方面正起着越来越大的作用。化学的发展始终伴随着人类文明的进步，其大约经历了以下几个时期。

（1）远古工艺化学时期

这一时期是化学的萌芽时期。这时的制陶、冶金、酿酒、染色等工艺主要是依靠前人积累的经验完成。

（2）炼金术和医药化学时期

这一时期是炼丹术和炼金术的黄金时期。炼丹术士和炼金术士为了迎合皇室贵族对长生不老的渴望，在皇

1

宫、教堂、家或深山老林中炼制所谓的"仙丹"和用来求得荣华富贵。虽然这些行为透露出荒唐的一面，但这一时期是化学史上令人惊叹的一个时期，该时期发现了众多物质间的化学变化，为化学的进一步发展积累了丰富的经验。这些炼丹术、炼金术经验在医药和冶金方面得到了充分的利用。

（3）燃素化学时期

这一时期人们不断积累冶金和实验室经验，总结知识，普遍认为可燃物能够燃烧是因为含有燃素，燃烧过程是可燃物中燃素释放的过程，可燃物放出燃素后便化为灰烬。

（4）定量化学时期（近代化学时期）

这一时期堪称化学史上最重要的时期。1775年前后，法国化学家拉瓦锡用定量化学实验阐述了燃烧的氧化学说。这一时期也建立了不少化学基本定律，如原子学说、元素周期律、有机结构理论等。这一切都为现代化学的发展奠定了坚实的基础。

（5）科学相互渗透时期（现代化学时期）

20世纪初，量子理论的发展，把化学和物理紧密地联系在一起，解决了化学史上许多悬而未决的问题；另外，化学又向生物学等学科渗透，使蛋白质、酶的结构问题逐步得以解决。

2. 化学是不是一门真正的科学

　　化学究竟是不是一门真正的科学？德国数学家高斯和意大利化学家阿伏伽德罗曾就这一问题进行过激烈的辩论。高斯的观点是："科学规律只存在于数学之中，化学不在精密科学之列。"阿伏伽德罗则认为："数学虽然是自然科学之王，但没有其他科学，就会失去它真正价值。"阿伏伽德罗的观点激怒了高斯，他说："对数学来说，化学充其量只能起一个女仆的作用。"阿伏伽德罗没有恼怒，他用一个实验回击高斯，将2升氢气放在1升氧气中燃烧得到2升水蒸气。他把这个结果告诉高斯，自豪地说："请看吧！只要化学愿意，它就能使2加1等于2，数学能做到这一点吗？遗憾的是，我们对化学知道得太少了！"

　　科学的发展证明了阿伏伽德罗的观点是正确的，化学是自然科学中重要的基础学科之一，它在原子和分子的水平研究物质的组成、结构、性质及变化规律。在日新月异的现代社会，化学已成为人类认识世界、改造世界的一种极为重要的工具。人类的衣食住行、防病治病、资源利用等，都离不开化学。

　　展望未来，社会的发展更要依赖化学的发展，没有高纯硅，就没有飞速发展的信息通信；没有先进的复合材料，就没有"上九天揽月、下五洋捉鳖"的航天潜海。所以我们说，社会的每一步发展，都与化学密切相关。

第二章　化学家的故事

1. 蔡伦——推动世界造纸业发展

蔡伦，字敬仲，汉明帝刘庄时期在宫掖做事。汉和帝刘肇即位后，他做了皇帝的侍从宦官，负责传达诏令、掌管文书，参与军政机密大事。

那时候的"书"是一片片可以写字的竹片用细绳连接而成的，皇宫贵人所用的"纸"则是细薄的丝织品，纸贵书重，很不方便。蔡伦开始用心研究新的造纸方法。他用富含纤维的树皮、麻头、破布、渔网等材料制造纸。蔡伦将自己造的纸呈给汉和帝，皇帝很重视。从此，世人便开始使用这种纸，并称之为"蔡侯纸"。

然而，纸是否为蔡伦所创，一直以来都存在争议。

我国考古工作者 1933 年在新疆维吾尔自治区发现了"罗布淖尔纸"，1957 年在西安灞桥古墓中发现了"灞桥纸"，1973 年在甘肃发现了"金关纸"，1978 年在陕西发现了"扶风纸"，1979 年在敦煌发现了"马圈湾纸"等。这些出土的纸被一些人认为是西汉麻纸，即在蔡伦以前就有的纸。

根据这些材料，一些人认为蔡伦是造纸术的改造者，而不是发明者。而另外一些人不同意这一观点，坚持认为蔡伦是造纸术的发明者。他们认为，关于上述出土的西汉麻纸，其时代不明确，证据不足，迄今仍无"片纸只字"证明它们是西汉麻纸，而且历史文献上也没有任何有关西汉麻纸的记载。

针对灞桥纸是世界上现存最早的植物纤维纸这一说法，一些人认为灞桥纸不是纸，而是些废旧麻絮、绳头等散乱纤维的堆积物，不适于书写，更谈不上代替帛。

无论争辩的结果如何，蔡伦作为中国古代一位杰出的科学家，其在造纸技术的发展上的卓越成就是无可争论的，其贡献是不容抹杀的。后来人们沿用蔡伦生产纸的工艺，采用竹、藤、稻秆等其他原料，生产出各式各样的手抄纸。蔡伦创造的造纸工艺很快传到国外，影响深远。

造纸术是我国四大发明之一，是我国人民对世界文明的伟大贡献。

2. 侯德榜——中国近代杰出化学家

侯德榜，中国近现代化学史上杰出的科学家，以"侯氏制碱法"闻名世界，是中国现代化学工业的先驱。

侯德榜，又名侯启荣，字致本，1890 年 8 月 9 日生于福建省福州市闽侯县。1911年，侯德榜考入北京清华留美学堂；1913年，侯德榜被保送美国麻省理工学院，1917年毕业，获学士学位；1919年，侯德榜在哥伦比亚大学获硕士学位，1921年，他以论文《铁盐鞣革》获该校博士学位。

1921年，身在美国的侯德榜收到爱国实业家范旭东先生的一封信，恳请他回国共同振兴祖国的民族工业。当时中国的纯碱完全依赖于进口，第一次世界大战后，进口纯碱断了来源，国计民生受到严重影响。范旭东先生决心在久大精盐公司的基础上创办永利制碱公司，进一步发展中国自己的制碱工业，但国内严重缺乏这样的专业人才。侯德榜怀揣着火热的工业救国梦想，毅然放弃了热爱的制革专业，回到了阔别多年的祖国。

为了实现"制碱梦"，打破外国人封锁，侯德榜一心投入国内制碱的工艺研究中。经过多年艰苦摸索，侯德榜揭开了苏尔维制碱法的秘密，并在此基础上改进、创新工艺，于1926年生产出质量上乘的"红三角"牌纯碱，其在美国费城举办的万国博览会上获得金奖。这一突破被誉为"中国近代化学工业进步的象征"。之后，"红三角"牌纯碱再获瑞士国际商品展览会金奖，享誉欧洲、亚洲。

1937年，永利制碱公司因日本侵略被迫迁往四川，又因内地盐价昂贵，传统的苏尔维制碱法成本太高，无法维持生产"红三角"牌纯碱。侯德榜远赴德国想购买新的工艺，但购买以失败告终。从此，侯德榜夜以继日地研究，最终研制出独特的制碱工艺——"侯氏制碱法"。

1957年，为发展小化肥工业，侯德榜提议用碳化法制取碳酸氢铵，并亲自带队到上海化工研究院，研究改进碳化法生产氮肥的新流程，并获得成功，对我国农业生产做出了不可磨灭的贡献。

侯德榜一生勤奋好学，先后出版了10多部著作，发表了70多篇论文。其中，《纯碱制造》是化学工程界公认的制碱工业的权威专著之一，被相继译成多种文字出版，对世界制碱工业的发展起到了重要作用。侯德榜的晚年著作《制碱工学》，也是他从事制碱工业多年的经验总结。全书在科学水平上较《纯碱制造》一书有较大提高。该书将"侯氏制碱法"系统地介绍给了读者，在国内外学术界引起了强烈反响。

1974年8月26日，这位勤奋一生、功绩卓著的科学家与世长辞，享年84岁。侯德榜一生在化工技术上主要有三大贡献：第一，揭开了苏尔维制碱法的秘密；第二，创立了侯氏制碱法；第三，极大促进了小化肥工业的发展。

3. 屠呦呦——国人骄傲，诺贝尔奖获得者

屠呦呦，1930年出生于浙江宁波，1955年毕业于

北京医学院（现北京大学医学部）药学系。屠呦呦是中国中医科学院终身研究员兼首席研究员、青蒿素研究中心主任。

屠呦呦的主要成就是发现新型抗疟药——青蒿素和双氢青蒿素。

疟疾是目前严重威胁人类健康的传染病之一，20世纪60年代以来，美、英、法、德等国花费大量人力、物力、财力，寻找能有效抗疟的新结构类型化合物，但始终没有满意的结果。1964年我国重新开始了抗疟新药的研究。1969年，屠呦呦接受了中草药抗疟研究这一艰巨任务，她从历代中药志、地方志、地方药志等的单方及验方入手，走访国内老中医专家，从2000余种方药中选编了640种药物，整理出了一部《抗疟方药集》。然后在此基础上，屠呦呦团队进行了鼠疟筛选试验研究。

随后她重新查阅了有关文献，特别注意在历代用药经验中寻找合理的药物提取方法，以求突破。东晋名医葛洪在《肘后备急方》中称："青蒿一握，以水二升渍，绞取汁，尽服之。"她灵光一闪，根据这条线索，改进了提取方法，采用乙醇冷浸法，将温度控制在60℃进行提取，所得的青蒿提取物对鼠疟的效价有了显著提高。接着她又使用低沸点的溶剂提取，所得的青蒿提取物对鼠疟的效价更高，而且性质更稳定。

终于，在1971年，屠呦呦团体发现中药青蒿叶子的乙醚提取中性部分（简称"醚中干"）对疟原虫有100％抑制率。1972年夏，"醚中干"经批准，试用于治疗30例临床患者，结果全部有效。与此同时，屠呦呦团队继续对"醚中干"进行分离优化，1972年11月得到抗疟有效单体，即青蒿素。"醚中干"、青蒿素的发现，是喹啉类抗疟药后的一次重大突破，引起了世界各国的密切关注和高度重视。

2001年世界卫生组织（WHO）将以青蒿素类为主的复合疗法（ACT疗法）作为疟疾的首选方案，向所有疟区推荐。

4. 拉瓦锡——开创化学发展新纪元

18世纪的科学发展史中，辉煌的成就之一就是法国化学家拉瓦锡进行的化学革命。在这场革命中，拉瓦锡以实验事实为依据，推翻了统治化学理论界达百年之久的"燃素说"，提出了燃烧现象的氧化学说。拉瓦锡与他人合作，制定了化学物质命名新原则，创立了化学物质分类的新体系学说，改变了当时化学物质命名混乱不堪的状况。根据化学实验的经验，拉瓦锡用精准专业的语言阐明了质量守恒定律和它的应用。

17世纪，比利时化学家海尔蒙特曾做过这样一个实验：将一棵柳树苗栽入一个预先烘干称重的土盆中，经常淋水。5年后，柳树苗长成大树了。泥土经烘干，重量只减少不到 100 克。于是他认为柳树长大所增加的重量只能来源于水，水能转变为土，并为树所吸收。这个著名实验支持亚里士多德的"四元素说"中的"水土互变"理论。当时，很多人相信这一说法，人们也时常发现在容器中煮沸水，时间长了总会有沉淀物生成。但拉瓦锡对这一观点表示怀疑，他开始研究"验证水能否变成土"的课题。为此他设计并实施了一些实验。他采用一种欧洲炼金术中使用的蒸馏器，这种蒸馏器能使蒸馏物被反复蒸馏。他将蒸馏器称重，然后加入一定重量的、经 3 次蒸馏后的蒸馏水。密封后点火加热，保持微热，同时进行观察。两周过去了，水还是清的，第三周周末开始出现一点固体，随后慢慢变大，第八周固体开始沉淀下来。就这样连续加热了 101 天，蒸馏器中的确产生了固体沉淀物。冷却后，他首先称了总重量，发现总重量与加热前相比，没有变化。他又分别对水、沉淀物、蒸馏器进行称量，结果是水的重量没变，沉淀物的重量恰好等于蒸馏器减少的重量。据此拉瓦锡写论文驳斥"水转化为土"的谬论。瑞典化学家舍勒也对这一沉淀物进行分析，证明它的确来自玻璃蒸馏器本身。

1772 年，拉瓦锡开始对燃烧现象进行研究。在这之前，波义耳曾对几种金属进行煅烧实验，他认为金属在煅烧后增重是因为存在火微粒，在煅烧中，火微粒穿过器壁而与金属结合，即：

$$金属＋火微粒 \longrightarrow 金属灰$$

1702年，德国化学家斯塔尔也进行了类似的实验。他认为金属在煅烧中和燃素进行反应，即：

$$金属＋燃素\longrightarrow 金属灰$$

斯塔尔将有关燃素的观点系统化，并以此来解释当时已知的化学现象。由于具有一定的合理性，这个观点很快被化学家们接受，成为当时占统治地位的化学理论。尽管一些实验研究已经发现"燃素说"与实验事实存在矛盾，但多数化学家还是没法解释这一矛盾。拉瓦锡在充分研究了化学史的概况和前辈们的工作之后，决心解决这一矛盾。

首先，他对磷、硫等易燃物的燃烧进行观察和测定，发现磷、硫在燃烧中增重是由于吸收了空气。于是他联想金属在煅烧中增重可能是由于同一原因。1774年，他重做了波义耳关于煅烧金属的实验。他将已知重量的锡放入曲颈瓶中，密封后称其总重量。然后经过充分加热，使锡灰化，待冷却后，称其总重量，确认其总重量没有变化。然后重新做这个煅烧实验，但事先在曲颈瓶上穿一小孔，实验后再称其总重量和金属灰的重量，发现总重量增加的值恰好等于锡变成锡灰后的增重。拉瓦锡又对铅、铁等金属进行了同样的煅烧实验，得出了相同的结论。

由此，拉瓦锡认为金属煅烧后的增重是金属与空气的一部分相结合的结果，他否定了波义耳的火微粒之说，对燃素说也提出了质疑。那么，与金属相结合的空気成分又是什么？当时的人们还不了解空气具有两种以上组分，拉瓦锡也无从推断。1774 年 10 月，英国化学家普利斯特利访问巴黎。在拉瓦锡举行的邀请宴会上，普利斯特利告诉拉瓦锡，他曾在加热汞灰的实验中发现一种具有显著助燃作用的气体。这一信息给了拉瓦锡启示，他立即着手汞灰的合成和分解实验。实验事实使拉瓦锡确信，煅烧中与金属相结合的绝不是火微粒或燃素，而可能是"最纯净"的空气。1775 年末，普利斯特利发表了关于氧元素（他命名为燃素空气）的论文后，拉瓦锡恍然大悟，原来这种特殊物质是一种新的气体元素。随后，他对这种新的气体元素进行了认真的考察，确认这种元素除了能助燃、助呼吸，还能与许多非金属物质结合成各种酸。为此他把这种元素命名为酸素，现在氧元素的元素符号"O"就来源于希腊文酸素（oxygen）。对氧气做了系统研究后，拉瓦锡明确指出：空气本身不是元素，而是混合物，它主要由氧气和氮气组成。1778 年，他进而提出，燃烧在任何情况下，都是可燃物质与氧气的结合，可燃物质在燃烧过程中吸收了氧气而增重，所谓的燃素实际上是不存在的。拉瓦锡关于燃烧的氧化学说终于使人们认清了燃烧的本质，并从此取代了燃素学说。氧化学说准确阐释了许多原来无法解释的化学反应事实，为化学发展奠定了重要的基础。

拉瓦锡在之后的实验中对水进行了研究。实验中他不仅合成了水，而且还将水分离为氧气和氢气，再次确认了水的组成，并且用氧化学说进行了准确的说明。

运用氧化学说，拉瓦锡弄清了碳酸气就是碳元素与氧元素结合的化合物。他又根据酒精等有机化合物在燃烧中大都生成碳酸气和水的事实，建立了有机化合物的分析法：在一定体积的空气或氧气中将有机物燃烧，用氢氧化钠溶液吸收其产生的碳酸气，再根据残留物计算出生成的水的质量，由此确定有机化合物中碳、氢、氧三种原子的比值。

根据氧化学说，拉瓦锡在论文中指出：动物呼吸是吸入氧气，呼出碳酸气。之后，他又与法国科学家拉普拉斯合作设计了冰的热量计，测定了一些物质的比热容，同时证明动物的呼吸也属于一种燃烧现象。

拉瓦锡的氧化学说无疑是对"燃素说"的否定，他关于水、空气的组成等的实验成果是对亚里士多德"四元素说"的批判。

拉瓦锡和他的同行戴莫维、贝托雷、佛克罗伊合作编写了《化学命名法》。这本书强调每种物质必须有一固定名称，单质的命名尽可能表现出它的特性，化合物的命名尽可能反映出它的组成。据此他们建议对过去被称为金属灰的物质，应依据它们的组成，将其命名为金属氧化物；对酸、碱物质，应使用它们所含的元素来命名；对盐类，则用构成它们的酸和碱来命名。如此，原来很多模糊的物质就有了专业的名称，比如：汞灰应称为氧化汞，矾油应叫作硫酸，等等。《化学命名法》一书奠定了现代化学术语命名的基础，现今所用的大部分化学术语都是依据其而来的。

1789 年，拉瓦锡的经典著作——《化学概论》出版。在《化学概论》中，拉瓦锡第一次用精准的语言表述了质量守恒定律，并用实验进行验证，充分说明了它在化学中的广泛应用。质量守恒定律很快被各国科学家接受，在科学界广为传播，产生了深远的影响。

拉瓦锡表示："人工的或自然的作用，都没有创造出什么东西。物质在每一个化学反应前的数量等于反应后的数量，这可以算是一个公理。"根据这样的指导思想，拉瓦锡第一次写出了糖变酒精的发酵过程的表达式：

$$葡萄汁（糖）\xlongequal{发酵}碳酸+酒精$$

这是现代化学反应方程式的雏形。拉瓦锡已深深意识到这种表述方式的重要性，他设想，把参加发酵的物质和发酵后的生成物列成一个代数式，再假定方程式中的某一项是未知数，通过求解方程，就可算出某项的值来。这样一来，既可以用计算来检验我们的实验，也可以用实验来验证我们的计算。事实上，他经常用这种方法修正实验的初步结果。在拉瓦锡眼里，化学反应前后质量关系如同账目的收支一样，应当是平衡的。化学方程式的建立，使化学定量化、计量化，成为像数学、物理一样的精密科学。这也是科学界第一次公开地为唯物主义哲学的"物质不灭"理论提供了证明，促进了哲学的发展。

拉瓦锡能发现质量守恒定律，其中一个原因就是他善于运用理论思维去概括别人的成果，从而完成科学上的重大发现。他在进行每一项科学研究之前，会将前人的结论和情况进行分析、比较，首先形成一个建立在前人研究基础上的想法或纲领，据此提出自己的观点和假说，然后再进行有的放矢的探索。拉瓦锡的成功还在于他有正确的科学思想，他坚信"无中不能生有"这一物质观。他认为"物理学上和几何学上的总量都等于各分量之和，这是公理"。拉瓦锡受到牛顿科学思想的影响，对牛顿所说的"一切物体的最小微粒都具有大小、质量、运动性、坚硬性和不可入性"坚信不疑。他认为化学元素也具备这种属性。牛顿力学的核心概念是质量，因此，拉瓦锡大部分的科学实验都会使用天平，他重视物质变化中的质量测定，从量的变化中发现规律，从量的变化中求得质的认识。他认为，如果存在燃素这种东西，就应当能在天平上称出来，既然称不出来，就得否定"燃素说"。拉瓦锡的成功还在于他强调实验就是认识的基础，他一贯坚持的信念就是"不靠猜想，要靠事实""思想是事实的化身""没有充分的实验根据，我从不推导严格的定律"。

5. 居里夫人——"镭"之母

1898 年 12 月 26 日，居里夫妇提交给法国科学院一份重量级的报告：他们又发现一个比铀的放射性要强百万倍的新元素——镭！

这一发现立即使物理界沸腾起来，物理学领域中信奉了几个世纪的理论被彻底推翻。一些保守的科学家表示怀疑："镭在哪里？指给我们看看，我们才能相信。"居里夫妇决心以事实来回答一切问题。困难的是，要提炼出纯镭，必须满足两个条件：大量的沥青铀矿（当时最贵的矿物）和庞大的实验室。居里夫妇花掉所有的积蓄，并得到奥地利的一位教授的资助，才买到十几麻袋沥青铀矿渣。而在实验室的建设上，他们遭遇了更大的困难。居里夫妇试图同巴黎大学交涉，借用实验室，却遭到一番无情的嘲笑。最后理化学校同意给他们提供一间在学校大楼底层、装有玻璃的工作室。这里原本是贮藏室和机器房，狭小局促，潮湿得冒水，技术设备很简陋，舒服更谈不上。居里夫妇就在这样的破屋里开始了伟大的科学实验。

居里夫妇忘却了时间，不论严冬或盛夏，不分黑夜和白天，他们一直紧张地工作着。因为睡眠不足，他们的健康严重受损。皮埃尔全身疼痛，玛丽明显消瘦，但是，他们仍旧坚持着。经过整整 45 个月的艰苦探索，历经几万次的提炼，他们终于成功地提炼了 0.1 克氯化镭。他们的发现震惊了全世界！不久，人们发现镭有治疗癌症的功效，于是镭价飞涨，一些好友劝居里夫妇申请专利，但皮埃尔拒绝了申请，他说："不行！我们不应该从发现的新元素中赚钱。镭既是济世救人的仁慈物质，这东西就应该是属于世界的。"

1903 年，居里夫妇由于发现放射性元素镭，获得了诺贝尔物理学奖。

6. 罗蒙诺索夫——发现质量守恒的先驱

事实上，最早发现质量守恒的不是拉瓦锡，而是俄国科学家罗蒙诺索夫。

1748 年，罗蒙诺索夫在观察了各种物质的变化后，对他朋友欧拉说："一切发生在自然界的变化，实际上的情况总是这样，在一种物体里耗费了多少，在另外一种就添上多少。"这是罗蒙诺索夫确信质量守恒的最早阐述。但他认为他的理论缺乏确凿的证据，于是放弃了发表他的观点。

不过，他坚持用实验来证明他的观点。罗蒙诺索夫的实验是重复波义耳的煅烧金属实验：取一个曲颈瓶，里面放些细碎的锡块，封住瓶口，用天平称取它的重量。然后把曲颈瓶放到火上加热，两小时后取下，打开瓶口，冷却后再称重，与波义耳的实验结果一样，重量增加了。对此，波义耳的解释是火微粒与锡块结合，导致重量增加。罗蒙诺索夫不承认什么神秘的火微粒，只承认物质的微粒，他决定再进行一次实验。他对这次实验进行了改革，在曲颈瓶加热后不再立即打开封口，于冷却后称重，结果不同了，重量并未增加，这说明不存在什么火微粒。罗蒙诺索夫第一次对波义耳的实验做出了科学解释，并用实验证明了质量守恒定律。

7. 盖-吕萨克——勇往直前的科学探索者

盖-吕萨克是法国著名的化学家与物理学家，1778年12月6日出生在法国。

盖-吕萨克在化学上的贡献，主要在气体化学方面，他发现了气体化合体积定律。他的工作始于对空气组成的研究。为了考察不同高度的空气的组成是否一样，他冒险乘坐气球升入高空，进行观察与实验。1804年，盖-吕萨克和自己的好友、法国化学家比奥，用浸有树脂的密织绸布做成一个巨大的气球，里面充进氢气。膨胀的气球在阳光下闪闪发光，盖-吕萨克与比奥坐进吊篮里，气球徐徐上升。他们在缓慢上升的气球吊篮里，忙着进行空气样品的采集，不断测量着地磁强度。紧张的工作使他们顾不上高空反应带来的头昏、耳痛等身体不适，虽冻得浑身发抖，他们仍顽强地坚持这次考察活动，最终取得了大量的第一手资料。因不满第一次的实验数据，一个半月以后，他独自进行了第二次升空探索。这一次他轻装上阵，大大增加了升空高度。升至7016米时，他毅然把椅子等物件扔了下来，使气球继续上升。盖-吕萨克创造了当时世界上乘气球升空的最高纪录。两次探测的结果表明，在不同的高空领域，地磁强度是恒定不变的，所采集的空气样品的成分基本相同，但不同高度的空气中氧气比例不同。

盖-吕萨克在进行氧气与氢气化合的气体实验时，发现氧气的体积差不多总是氢气体积的一半。于是，他根据这种体积关系，猜想这可能同物质的原子结构有关，他推测其他气体在化合反应中可能都具有类似情况。之后，他继续对气体化学反应进行研究。这一次，他又进行了一个新的气体实验：他往容器里充满等体积的氮气和氧气，然后用电火花引燃，产生了新的气体一氧化氮。他发现，一体积的氧和一体积的氮，经化合得到了两体积的一氧化氮。通过对比许多不同气体间的化学反应，他注意到，所有参加反应的气体体积和反应后生成的气体体积之间存在着简单的比例关系，由此他发现了一个重要的基本化学定律——气体化合体积定律。

此定律的发现，从气体化学反应的角度，对道尔顿的原子论作出了有力的证明。

盖-吕萨克在无机化学中的另一个重大贡献是发明了制备碱金属的新方法。当盖-吕萨克埋头于气体化学研究的时候，英国化学家戴维以电解法制得了金属钾和钠，震动了整个科学界。碱金属钾和钠在当时是非常珍贵且稀有的金属。消息传到巴黎，拿破仑召集了盖-吕萨克及其密友泰纳，给他们提供电力很强的电池，命令他们用电解法制取金属钾和钠。开始工作后，两人发现，用电解法制得的新金属量很少，不能满足需求，他们开始摸索新的制备方法。他们把铁屑分别同氢氧化钾（KOH）和氢氧化钠（NaOH）混合起来，放在一个密封的弯曲玻璃管内加热。结果，在高温下熔化的氢氧化碱与红热的铁屑起了化学反应，生成了金属钾和钠。这种方法既简单又经济，而且可以制出大量的钾和钠。虽然这种方法有较大的危险性，但他们仍然坚持用新方法制备钾和钠，进而研究它们的各种性质与实际用途。他们的工作得到了戴维本人的赞赏，新方法也很快被推广。

机会青睐将想法付诸行动的人，盖-吕萨克研究金属钾的用途时意外发现了硼元素。19世纪初，硼酸的化学成分还是一个谜。盖-吕萨克和泰纳做了一个实验：用钾去分解硼酸，得到了一种橄榄灰色的新物质。经过深入研究，他们确定这是一种新的单质，取名为硼。1808 年 11 月 30 日，他们在《理化年报》上撰文，豪迈地宣称："硼酸的组成如何，现在已不是问题了。实际上，我们已经能够把硼酸随意地进行分解或重新合成了。"

1809 年，盖-吕萨克与泰纳开始研究卤族元素。氯是 1774 年瑞典化学家舍勒最早发现的，但当时舍勒将这种黄绿色的气体误认为是化合物。1785 年贝托雷则把它视为盐酸与氧的化合物，称之为"氧化盐酸"。盖-吕萨克与泰纳并不赞同。经多次实验，在 1809 年 2 月阿尔库伊学会的会议上，盖-吕萨克大胆地提出"氧化盐酸"是单质、不是化合物的猜想。这一猜想引起了戴维的高度重视。1810 年 11 月，盖-吕萨克在英国皇家学会宣读论文时，正式提出"氧化盐酸"是一种元素的观点，并将该元素命名为氯。

碘的制取更体现了盖-吕萨克对科学的追求。碘是于 1811 年由法国人库特瓦首先发现的。他曾从海草灰中提取钾盐，但在制取过程中发现了一种未知的物质。这种物质能腐蚀铜锅和实验器皿，给钾盐生产带来很大困难。库特瓦成功地分离出了这种物质，并把它交给化学家克莱曼和德索尔姆进行研究。遗憾的是，这两位化学家没有发表任何研究成果，就转交给了英国化学家戴维去研究。盖-吕萨克得知此事后，非常着急，为了给自己的祖国争得荣誉，他夜以继日地工作，力争抢在戴维宣布新的科学成果之前研究清楚。最终，他先制得了新元素，并将它命名为碘。他还研究了碘的一些特质，并证明氢碘酸中没有氧元素。不久，戴维关于碘的研究报告也发表了，但盖-吕萨克为国争光的愿望已经实现。

氟化物也曾是盖-吕萨克同泰纳合作的题目。吸入氟化氢蒸气曾给他们的身体带来巨大痛苦，但这并没有动摇他们献身化学的决心。1809 年，他们把氟化钙与硼酸混合加热，企图制备纯"氟酸"，以研究其性质，结果却意外地制成了一种所谓的"氟酸气"。后来证明，这种气体是硼的氟化物，即氟化硼（BF_3）。同年，他们制成了无水氢氟酸（HF）。

除了上述研究，盖-吕萨克还探讨了氰化物，并首次制得了氰。1811 年，他尝试将氰化汞与浓盐酸混合蒸馏，结果制成了无水氢氰酸。这个实验让人们对氢氰酸的组成、性质有了新的认识。同年，他加热分解氰化汞，发现生成了一种可燃气体，经研究确定其组分为碳、氮二元素，他将该气体命名为"氰"。

在从事科研和教学的同时，盖-吕萨克还积极参加由贝托雷等化学家举办的学术会议，结识了很多著名的学者，拉普拉斯、洪堡德、泰纳等都是他的挚友与合作者。在学术交流中，他虚心求教，又不迷信权威，善于独立思考。他与泰纳合作，以充分的实验事实证明钾和钠都是元素。另外，盖-吕萨克通过实验证明，硫、磷等物质中都不含氧，它们是元素，不是化合物。同样，他的实验证实氯化氢的水溶液是酸，但也不含氧。并非所有的酸都含氧，所以酸类可分为含氧酸和无氧酸两类。

盖-吕萨克是一位伟大的化学家，但他在物理方面的成就同样出色。1805 年他与洪堡德合作，周游欧洲各地，详细地考察过地磁的分布及其规律。1822 年，他研究气体的热膨胀问题时，发现了一条重要的定律：一定质量的气体，在压强不变的条件下，温度每升高（或降低）1℃，增加（或减少）的体积等于它在 0℃ 时体积的100/26666（现今为1/273）。这就是著名的盖-吕萨克定律。

8. 法拉第——苯的发现者

法拉第，1791 年出生，是苯的发现者。1825 年 6 月16 日，英国皇家学会的一次学术会议上，年轻的法拉第宣读了关于发现苯的论文。

法拉第用来分离出苯的原料是一种油。在当时，伦敦为了生产照明用的气体（也称煤气），通常将鲸鱼或鳕鱼的油滴到已经加温的炉子里，以产生煤气，然后再将这种气体加压到十三个大气压，把它储存在容器中，供各方面使用。压缩气体的过程中，会得到一种油状液体。

法拉第花了几年时间来研究这种油状液体。为了分离出他想要的组分，法拉第斥巨资弄到了大量油状液体，细心地进行蒸馏，每隔10℃更换一次接收容器，把气体冷凝成各个组分，并且重复地精制这些馏分。他发现温度在80℃～87℃时，油状液体沸点比较恒定，此时可以蒸出大量液体，温度变化很小。而在蒸馏其他组分时，温度经常要升高。这一重大发现启发了法拉第，他继续研究在这个温度区间内获得的某种固定组分，最终他分离出一种新的碳氢化合物。他对此物质是这样描述的：常温下，它是一种无色透明的液体，略带杏仁味，放在冰水中冷却到0℃时，它就会结晶变成固体，在玻璃容器的器壁上长出树枝状的结晶。固体在5.5℃时熔化，如果把熔化后的液体暴露在空气中，它会完全挥发。

法拉第当时测得这种化合物的熔点为5.5℃，沸点为82.2℃，在15.5℃时它的比重是0.85，与现在所测得的苯的熔点（5.5℃）、沸点（80.1℃）、20℃时比重为0.8765相差无几，令人敬佩。存在差别是因为当时法拉第分离出来的苯的纯度不够。

法拉第继续研究这种液体，发现这种液体不导电，微溶于水，易溶于油、醚和醇。光照下，氯气与这种物质反应，生成两种物质，一种是结晶，另一种是黏稠状的液体，它们是对二氯苯与邻二氯苯。

这种液体的蒸气通过热的氧化铜时，会分解成二氧化碳和水，例如在 60℃时，0.776g 苯蒸气分解产生的二氧化碳和水相当于 0.711704g 碳和 0.064444g 氢，说明这个化合物中碳与氢的质量之比为 12∶1。但由于当时法拉第所用的原子量与现在不同，当时的标准是 C 为 6、H 为 1，所以法拉第认为这种化合物的实验式是 C_2H，并把它称为重碳氢化物。如果法拉第能采用现在的原子量标准的话，他肯定能正确地表达出苯的实验式 (CH)。

法拉第测得苯的蒸气密度是 2.44（以氧气的密度等于 1 为标准），但因知识所限，法拉第未能进一步推测出苯的化学式是 C_6H_6。尽管如此，法拉第仍是首位分离出苯这种碳氢化合物的化学家，而且第一次研究了苯的性质，测定了苯的组成。

9. 温克勒——锗的发现者

发现锗的人是温克勒，他在无机化学、分析化学和应用化学领域及培养人才方面，建树颇多。温克勒 1838 年 12 月 26 日生于德国的弗赖贝格。

温克勒在方法改进、无机化学小型实验、化学工艺学方面（如钴与镍的分离，镍和砷的存在下采用滴定法测定钴、钴酸的性质，精制石墨，制备碘氢酸等）做了大量工作，并以《论硅合金与硅砷金属》一文获莱比锡大学博士学位（1864 年），几年后便晋升为冶金技师。其他重点研究工作有：对 1863 年新发现的元素铟做了系统研究，全面报道了铟的自然存在、制备方法、理化性质、当量。另外，他也发表了有关铟的硫酸盐、草酸盐、氧化物、卤化物等多种盐类的研究成果。他测得铟的当量为 37.8，并以此为基础，确定其原子量为 113.4（1870 年），这曾被视为标准原子量，沿用约 40 年。

1867 年温克勒开始对钴与镍的原子量进行研究，实验发现钴、镍的原子量十分接近。温克勒坚持此项研究达 30 年，发表了一系列成果。

当时，硫酸工厂排放二氧化硫污染环境是个大问题，温克勒对铅室法制硫酸做了深入研究，写成《对硫酸生产中盖-吕萨克凝聚装置中化学过程的研究》，为改善德国硫酸生产工艺铺平了道路。他在基础性的长篇论文《论工业气体分析》中，总结了阶段成果，引起学术界的极大关注。

19 世纪，随着焦油染料工业的发展，发烟硫酸生产工业化的需求日益迫切，众多科学家开始了相关的研究。温克勒参照一份以铂催化法生成 SO_3 的英国专利，以裂解普通硫酸为基础，完成了《接触法实现亚硫酸向硫酸酐的变换以制备发烟硫酸的试验》《制取发烟硫酸》等论文。学术界认为他是德国催化法硫酸工业的先行者和推进者之一。

温克勒长期耕耘的领域还有工业气体分析，他对仪器装置、分析方法进行了不少改进、完善和创新。同时，他为大学编写的《工业气体分析教本》，曾被译成多种文字，广泛流传。他用多种方法研究了许多煤矿的矿井气体，极大地提高了生产的安全性。温克勒在工业气体分析及环境问题方面也有不少重要论著，这些著作都有巨大的经济意义和社会意义。人们认为温克勒是"工业气体分析的创建者"。

岩矿分析在温克勒的学术生涯中占有很大比重。从学生时代开始，他就分析过不少矿及矿物样品，如砷酸铋矿、砷钴钙石、砷铋铀矿、砷铀矿、磷铍钙石、铁陨石、以他的名字命名的水钴镍矿及在弗赖贝格附近发现的硫银锗矿等，并研究它们的化学组成。1886 年温克勒在分析硫银锗矿的组分时发现新元素锗。门捷列夫指出，锗的发现是对元素周期律正确性的一次重要证明。

大量的分析工作和他创制的实验仪器，不但丰富了教学，也丰富了分析化学的理论和实践。温克勒较早地接受了电离学说，并尝试以离子方程式表示分析结果。他为质量分析增添了不少分离与测定金属的方法，并较早引入铂网电极，大大改善了工作条件。在容量分析方面，他进行过氯量法的研究，也曾设想制定用于容量分析的新滴定体系。1888 年他编著的《容量分析实验练习》一书出版，其内容丰富，包括由他提出的不少适用于工厂实验室的方法，有的一直延续到 20 世纪出版的分析化学典籍中。

温克勒不但大力发展无机化学，而且在有机化学及分析化学领域，独立发表论著 100 多篇（部）。他的学术生涯充分体现了理论结合实际、科学为社会服务的原则。

10. 维勒——打破有机物和无机物的分界线

维勒，1800 年 7 月 31 日出生于德国，是德国著名的有机化学家。

维勒曾致力于研究制取氰酸铵的最简便方法。他发现氰酸和氨气这两种无机物进行反应的产物不是氰酸铵，而是草酸。多次重复结果仍然一样。于是他改用氰酸与氨水进行复分解反应，企图制得氰酸铵，结果形成了草酸及一种肯定不是氰酸铵的白色结晶物。他分析了这种白色物质，证明它确实不是氰酸铵。因为它与氢氧化钾反应，并不放出氨气；它与酸反应，也不能产生氰酸。因此，维勒肯定，他发现了一种与氰酸铵不同的新物质。那么，这白色晶体究竟是什么呢？1828 年，他使用当时先进的实验分析方法，证实了他发现的白色晶状物质是尿素。他还发现，用氯化铵与氰酸银反应或氨水与氰酸铅反应，都能得到比较纯净的尿素。论文《论尿素的人工制成》发表在 1828 年的《物理学和化学年鉴》上。这引起了化学界的一次巨大震动。因为在此之前，有机化学和生物学领域流行"生命力论"，认为有机物只能在动植物内产生，人们不能由无机物合成有机物。贝尔塞柳斯曾认为，许多化学定律对有机物不起作用。因此，维勒的实验结果公之于世后，反响巨大，不少人为之欢呼。

人工合成尿素，在化学史上的意义是非常重大的。第一，人工合成尿素是同分异构现象的早期事例，成为有机结构理论的实验证明。第二，这一发现强烈地冲击了生命力论，为辩证唯物主义自然观的诞生提供了科学依据，填补了生命力论制造的无机物与有机物之间的"鸿沟"。恩格斯曾指出，维勒合成尿素，扫除了所谓有机物的神秘性的残余。第三，人工合成尿素在化学史上开创了一个新的研究领域。维勒提出的有机合成的新概念，促使了乙酸、脂肪、糖类等一系列有机物质的合成。因此可以说，维勒开创了一个有机合成的新时代。

维勒还是一位化学教育家，他一生培养化学良才无数，不少学生成了著名的工程师和化学工艺师。维勒虽一生硕果累累，但也有过重大失误。他曾因一时疏漏，失去了发现化学元素钒的机会。当时维勒随贝尔塞柳斯研究墨西哥出产的黄铅矿石，分析化验过程中，维勒曾发现过几种特殊的沉淀物，但他认为这可能是铬的化合物，未去深究其真实面目。但他的同学瑟夫斯特姆抓住这个现象不放，经过反复实验研究，瑟夫斯特姆终于发现该沉淀物是一种含有新元素的物质，这种元素就是钒。维勒得知后，震惊不已，他常以此为训，教育学生及子女。

维勒的这一经历表明，在科学面前，不能有半点疏忽和粗心大意，对任何新现象、新问题，都不能单凭经验去主观猜测，要善于进行全面的、客观的观察与实验，抓住科学实践中的一切机遇。

第三章　化学元素的故事

1. 元素周期表

有关宇宙万物的组成，自古就众说纷纭：古希腊人认为世界是由水、土、火、气四种元素组成；我国古代有金、木、水、火、土五行之说。直至近代，人们逐渐明白，元素多种多样，绝不只有四五种。18 世纪，科学家已探知的元素有 30 多种，如金、银、铁、氧、磷、硫等，到 19 世纪，已发现的元素则又多了几十种。

那么，没有发现的元素还有多少？元素之间有着怎样的联系？俄国科学家门捷列夫通过长期研究，慢慢揭开了元素之间的奥秘。

元素不是杂乱无章的，它们像一支训练有素的军队，遵循严格的规则，井然有序地排列。门捷列夫发现：元素的原子量相等或相近时，其性质相似相近。而且，元素的性质和它们的原子量呈周期性变化。门捷列夫把当时已发现的 60 多种元素按其原子量和性质排列成一张表，结果发现，从任何一种元素算起，每数到第

五彩斑斓的 **化学**

8种元素，就和这一种元素的性质相近，他把这个规律称为"八音律"。那么，门捷列夫又是怎样发现元素这些特有的规律的呢？

1861年门捷列夫在圣彼得堡工作。他在着手编写无机化学讲义时，发现俄语教材都已陈旧，外文教科书也无法适应新的教学要求，年轻的门捷列夫想编写一本能够反映当代化学发展水平的无机化学教科书。这种想法激励着他即刻着手编写。但在编写化学元素及其化合物性质的章节时，他遇到了难题。按照什么次序排列化学元素的位置成为最大的困难，当时化学界发现的化学元素已达63种。为了寻找元素的科学分类方法，他不得不开始研究元素之间的内在联系。

1869年，门捷列夫绘制了第一张元素周期表，将当时已发现的63种元素按照元素周期律列入对应位置，并留下一些空格，预示着还可能有其他元素。那元素周期表有无终点呢？

20世纪，人们陆续发现了多种元素，当92号元素出现的时候，就有人提出92号是元素周期表的最后一种元素。然而之后的时间里，人工合成了近20种元素。于是又有人预言，105号元素该是元素周期表的尽头了，其理由是核电荷数越来越大，核内质子数也越来越大，质子间的排斥力将远远超过核间作用力。然而不久，人们又陆续合成了106~109号元素。这些元素存在的时间很短，如107号元素的半衰期只有102毫秒。

20 世纪中期，物理学家开始从理论上探索"超重元素"存在的可能性，他们认为具有 2、8、28、50、82、114、184 等"幻数"的质子和中子，其原子核比较稳定。按照这种理论，随着原子序数的递增，其原子核可能仍然很稳定。因此在 109 号元素之后，人们可能还能合成一大批元素。

能否不断合成新元素至今还是一个谜，其结果将会如何，我们拭目以待。

另外，由于科学家发现了正电子、负质子（反质子），有些科学家因此提出了元素周期表还可以向负方向发展的假设。在其他星球上可能存在由这些负质子、正电子及中子组成的反原子。这种观点若被实践证实，元素周期表中就当然可以出现核电荷数为负数的反元素。

元素周期律的发现，使人类认识到化学元素性质发生变化是由量变到质变的过程；同时，元素周期律的发现，彻底打破了各种元素之间彼此孤立、互不相关的观点，奠定了现代化学的基础。

2. 金——贵重的金属

金是历史上较早发现的元素之一，黄金以其美丽的光泽、优异的性能，被人类视为"尊贵"之物。几千年来黄金被用作货币（现今仍是国际上公认的硬通货）和饰品，备受人们的青睐。

人类自古就梦想能够人工制造黄金。我国古代很多炼丹家们曾从事炼金术的研究，企图通过化学方法将那些随处可见的普通金属变成黄金，但均以失败而告终。从古代炼金师们"点石成金"的梦想破灭到20世纪初，人们逐渐确信，黄金只能从自然界里获取。然而，20世纪初放射性元素的相继发现、核反应的出现及原子内部结构的揭秘，又打破了这一观念，科学家认为人工制造黄金是完全有可能的。

各种元素的差别在于它们的原子中质子、中子和电子的数目不同。如果能够用人工的方法改变原子核中质子的数目，就可以把一种元素变成另一种元素。这就是说，只要能从序号大于79的某种元素的原子中去掉一些质子，或给序号小于79的某种元素的原子中增添一些质子，使它们的质子数为79，就可以把这些非79号的元素转变成79号元素——金。但是给原子增减质子并不像在一个容器装取豆子那样简单，原子核十分坚固，要破坏它需要十分巨大的能量。从原子核内取出一个质子所需的能量比把一个分子破裂成原子所需要的能量大很多。因而，在化学反应过程中，原子核总是"安然无恙"，利用任何化学手段及普通的物理方法（如升温）只能导致原子的重新组合或分子破裂成原子，这就是炼金术士制造不出黄金的原因。因此，必须在特殊装置中，利用核反应来完成原子间的嬗变。

现代科学技术已证明，在巨型粒子加速器中，用超高速的质子、中子、氘核、α粒子等"粒子炮弹"去轰击原子，原子才可被击破。然后，质子、中子和电子便可以重新组合成新的原子。

人类数千年来的人造黄金梦想在1941年得以实现。美国哈佛大学的班布里奇博士及其助手，利用"慢中子技术"成功地将比金原子序数大1的汞变成了金。1980年，美国劳伦斯伯克利研究所的研究人员又一次把83号元素铋转变成了金。他们把铋置入高能加速器中，用近乎光速的粒子轰击铋的原子核，结果4个质子破核而出，剩下了79个质子，铋原子的结构便发生了相应的突变，从而成为金原子。用类似的方法，他们把82号元素铅也变成了金。

在极少数拥有高科技的实验室里获得黄金无疑是"得不偿失"的，但人类能人工制造黄金这件事比黄金本身有价值得多。我们相信，随着科技的发展，总有一天人们能够由廉价金属方便地制造出黄金。

黄金是延展性最好的金属。1克金可以拉成4000米的细丝。黄金也可以压成比纸还薄的金箔，"金缕衣"是我国古代金加工的杰出作品，其厚度只有五十万分之一厘米。这样薄的金箔，看上去几乎是透明的，带点绿色或蓝色。薄到一定程度的黄金，既能隔热，又能透光，所以黄金薄膜可以用作太空人和消防队员面罩的隔热物质。

黄金也有不少缺点，如质地软、价格贵、色泽单调等。如果黄金同其他金属结合起来，做成黄金合金，就能弥补不足，改良性能。现在，黄金合金已广泛应用于火箭、超音速飞机、核反应堆和宇宙航行等领域。此外，用黄金合金制成的金币、金首饰也深受人们的喜爱。我们平时看到的 22K、18K 金首饰，都是有不同金含量的黄金合金。

用黄金做成的合金，会变成金黄色、红色、玫瑰色、灰色、绿色、白色。绿色的黄金合金中含 75.0% 的金、16.6% 的银和 8.4% 的镉。有一种金铜合金称作红铜，一种金银合金叫红银，这两种合金用盐溶液处理后，会呈现紫色或浅蓝黑色。

虽然金很昂贵，但金在地壳里的含量较丰富。另外，太阳周围灼热的蒸气里有金，陨石里也有金，天上还有"长满金子"的星星，海洋中金的含量也十分丰富。

3. 银——能杀菌的金属

用银碗盛牛奶等食物，可以使食物保存较长的时间不变质，这种现象是有科学根据的。因为银会溶解于水，当食物同银接触以后，食物中的水就会使极微量的银变成银离子。银离子杀菌效果较好，每升水内只包含少量的银离子，就可以直接杀死细菌。

银离子的杀菌功能在消毒和外科救护方面应用甚广。古埃及就有用银片覆盖伤口的记载，后又有人用银纱布来包扎伤口，治疗皮肤创伤和难治的溃疡。现代医学中，医生常将1％的硝酸银溶液滴入新生儿的眼睛，以防治新生儿眼病。驰名中外的中医针灸，最早使用的就是银针。

银还有许多用处，它作为导体可以制作导线。电镀、制镜、摄影等行业也十分需要它。

4. 铜——不可缺少的金属

（1）铜与人类健康

铜是保持人体健康必不可少的元素。

铜是机体内蛋白质的重要组成元素，许多酶发挥作用需要铜的参与。这些酶有助于提供机体生化过程所需的能量，帮助形成血液中的血红素，促进骨胶原蛋白和弹性蛋白交联，保持和恢复结缔组织，影响头发、骨骼、大脑、心脏、肝脏等的功能。可见，人类的健康是离不开铜的。此外，动物研究表明，膳食中铜的摄入量过少会加速衰老。研究者发现，铜的缺少会引发糖分子与蛋白质分子连接，而这种蛋白质的糖化作用会在糖尿病患者中引起组织损伤。随着年龄的增加，糖化作用也会加快。但如果铜在体内的含量过高，则可能导致中毒。

人体本身不能合成铜，必须依靠食物来提供足够的铜，以保证正常的摄入量。成年人适宜和安全的铜日摄入量为 2～3mg。正常成年人体内一般含铜 80～100mg，平均每千克体重含铜1.6～2.0mg，这一数值虽小，但对健康是至关重要的。

专家指出，富含铜元素的食物包括巧克力、大豆、花生、龙虾、螃蟹、牡蛎、菠菜、红酒、坚果类（核桃、腰果）、豆类（蚕豆、豌豆）、谷类（小麦、黑麦）及蔬菜等。动物的肝脏、肉类及鱼类也含有一定量的铜。

饮用水中也有铜，含量一般在 0.1mg/L 以下。但如果使用铜水管，饮用水中的铜含量则会有所增加。需要指出的是，人体内的铜和锌具有制约关系，长期过量地摄入锌会导致铜的缺乏。世界卫生组织将饮用水中铜浓度的安全推荐标准定为 2mg/L。

对人体来说，缺铜可以通过补铜来恢复，人们可以从含铜的食物中获得铜，也可以服用含有微量铜元素的复合维生素片，得到保持健康所需的铜。

（2）青铜冶炼

铜是人类较早使用的金属，新石器时代晚期人类已开始加工和使用铜。关于冶铜技术的来源有多种不同的版本。有人说与森林失火有关，有人说与火爆法取石有关，支持率最高的观点是冶铜技术是从熔铸自然铜（夹杂铜矿）开始的。诸多版本都认为"焙烧"矿石后，铜就会从矿石中还原出来。要把金属从矿石中还原出来，必须有两个基本的技术条件，即足够高的温度和足够强的还原性气氛。新石器时代中晚期，人们已从制陶技术中掌握了一些高温技术及火焰的气氛控制技术，所以创造人工冶炼金属的基本条件是具备的。

铜的冶炼包括采矿、冶炼、熔铸等主要工序。1974年，在湖北大冶铜绿山发掘出了规模颇大的采矿和冶铜遗址。古人就地采集矿石、就地冶炼，是十分合理的。春秋时期用于炼铜的主要矿石是孔雀石，主要燃料是木炭。木炭在冶炼中作为燃料和还原剂，起着双重作用。炼铜时，在熔炉内放置孔雀石和木炭，用吹管往熔炉送风，木炭燃烧，高温熔化矿石，产生的一氧化碳使铜析出。这种内熔法，冶炼温度较高，说明当时的冶铸技术已达到相当高的水平。

在冶炼纯铜的基础上古人发展了青铜冶炼，冶炼青铜技术的发展经历了一个由低级到高级的过程。该过程可能是：初始时，人们将铜矿石与锡矿石或含多种元素的铜矿石一起冶炼。这样获得的青铜，成分不易控制。后来人们则采用先炼出铜，再加锡矿石或铅矿石一起冶炼的方法。但锡矿石和铅矿石中的锡、铅含量不固定，因此仍不能解决根本问题。之后人们分别先炼出铜、锡、铅，再按一定的配比，熔炼出青铜，这样就可以获得成分稳定的青铜。

（3）水法炼铜

我国是世界最早发明水法炼铜的国家，水法炼铜即用铁从铜盐溶液里置换出铜。水法炼铜的原理是：

$$CuSO_4 + Fe \xlongequal{\quad\quad} Cu + FeSO_4$$

早在汉代，许多著作里就记载有"石胆能化铁为铜"；南北朝时期，人们进一步认识到其他可溶性铜盐也能与铁发生置换反应；唐末五代时期，水法炼铜的原理开始被应用到生产中；至宋代，水法炼铜得到进一步发展，成为大量生产铜的重要方法之一。

水法炼铜也称胆铜法，过程主要分两步。一是浸铜，即把铁放在胆矾（$CuSO_4 \cdot 5H_2O$）溶液（俗称胆水）中，铜离子被置换成单质铜沉积下来；二是收集，即将置换出的铜收集起来，再加以熔炼、铸造。各地所用的方法虽有不同，但总结起来主要有三种：第一种是在胆水产地，随地形高低挖掘沟槽，用茅席铺底，把生铁击碎，排放在沟槽里，将胆水引入沟槽浸泡，利用铜盐溶液和铁盐溶液的颜色差异，判断反应时间，浸泡至颜色改变后，再把浸泡过的水弃掉，茅席取出，就可以将沉积在茅席上的铜收集起来，再引入新的胆水。只要铁未被反应完，生产就可以周而复始地进行。第二种方法是在胆水产地设胆水槽，把铁锻打成薄片，用胆水浸没铁片，至铁片表面有一层红色铜粉，把铁片取出，刮取铁片上的铜粉。第二种方法比第一种方法麻烦，原因是第二种方法要将铁片锻打成薄片。但这种方法可以使同样质量的铁的表面积增大，增加了铁和胆水的接触机会，能缩短置换时间，提高铜的产率。第三种方法是煎熬法，即把胆水引入用铁做的容器里煎熬。这里盛胆水的工具既是容器又是反应物之一。煎熬一定时间，能在铁容器中得到铜。此法的优点是在加热和煎熬过程中，胆水由稀变浓，可加速铁和铜离子的置换反应，但需要燃料和专人操作，工多而利少，所以宋代胆铜生产多采用前两种方法。对胆铜法中浸铜时间的控制，宋代时人们已有一定的了解，知道胆水越浓，浸铜时间越短；胆水稀，浸铜的时间要长一些。宋代时期已经形成了一套比较完善的有关浸铜方式、取铜方法、浸铜时间的控制等水法炼铜的工艺。

水法炼铜的优点是设备简单、操作容易，不必使用鼓风、熔炼设备，在常温下就可提取铜，节省燃料。只要有胆水的地方，都可应用这种方法生产铜。

（4）铜是人类应用较早的金属之一

我国是较早使用铜器的国家。铜是人类认识并应用较早的金属之一。我国发现的最早的青铜器出自新石器时代后期。商代早期遗址中出土了较大型的青铜器。商代早期的大型青铜器还很粗陋，器壁厚，外形多模仿陶器，花纹多为线条的兽面纹。

青铜更多应用于制造兵器，此外也可用于制作一些农具。战国时期，齐国工匠已发现可以通过改变青铜中各种金属成分的比例来改变青铜材料的性能。

现代社会，铜有着极其广泛的用途。例如：

①铜的导电性仅次于银，居金属中的第二位，因而铜大量用于电气工业。

②铜易与其他金属形成合金，铜合金种类很多，青铜质坚韧，硬度高，易铸造；黄铜广泛用于制作仪器零件；白铜主要用于制作刀具。

③铜和铁、锰、铂、硼、锌、钴等元素都可用作微量元素肥料。

5. 铍——住在绿宝石里的金属

（1）轻金属中的钢

有一种宝石叫绿柱石，它翠绿晶莹、光耀夺目。过去它是贵族玩赏的宝物，今天仍被人们视为珍品。绿柱石为何能成为珍品呢？因为它里面含有一种珍贵的稀有金属——铍。

铍的含意就是绿宝石。最开始，人们用活泼的金属钙和钾还原氧化铍和氯化铍，制备金属铍，但纯度不高。随后过了近七十年，人们才能小规模地生产铍。近年来，铍的产量激增。现在，铍"隐姓埋名"的时期已经过去，每年的产量可以有好几百吨。

为什么铍被发现的时间比较早，而在工业上的应用却比较晚呢？这是因为从铍矿石中把铍提纯出来很困难，而铍又偏偏特别喜欢"清洁"，只要含有一点点杂质，铍的性能就会发生很大的变化。现在我们已经能够采用现代的科学方法生产出纯度很高的金属铍。

铍的比重比铝轻约三分之一；铍强度与钢相近，传热性能大大优于钢，是良好的导体；铍在金属中透 X 线的能力最强；铍有"金属玻璃"之称。因为其拥有众多优异的性能，人们称它是"轻金属中的钢"。

（2）百折不挠的铍青铜

因为冶炼技术不过关，最初人们炼出来的铍里含有杂质，导致其脆性大、不易加工、加热时易氧化，所以铍只在特殊情况下使用，比如用于制作 X 线管的透光小窗、霓虹灯的零件等。随着技术发展，铍开始应用于制造合金，特别是制造铍铜合金——铍青铜。

铜比钢、铁软，弹性和抗腐蚀的能力也不强。但铜中加入一定比例的铍后，其性能会发生惊人的变化。含铍 1％～5％ 的铍青铜，机械性能优良、硬度强、弹性极好、抗腐蚀能力很强，而且还有很强的导电能力。用铍青铜制成的弹簧，弹性好、不易变形。铍青铜也可以被用于制造深海探测器和海底电缆，这对海洋资源的开发具有重要的意义。

含镍的铍青铜有一个特点——受到撞击的时候不会产生火花。这个特点对炸药行业很有用。易燃易爆的材料最怕火，炸药和雷管见火就要爆炸。而铁制的锤子、钻头等工具在使用时都会冒出火花。显然，用含镍的铍青铜来制造这些工具最合适不过。而且铍青铜不会被磁铁吸引，不受磁场影响，是制造防磁零件的好材料。

（3）铍——极好的"中子源"

铍虽有诸多用处，但在众多元素中，铍曾经是一个"小人物"，不受重视。直到 20 世纪 50 年代，铍的"命运"大转，成了科学家们的"抢手货"。

在原子反应堆里，需要用极大的力量去轰击原子核，使原子核发生分裂，就像用炮弹去轰击坚固的炸药库，使炸药库发生爆炸。这个用来轰击原子核的"炮弹"叫中子，而铍正是一种效率很高的、能够提供大量中子"炮弹"的"中子源"。

中子轰击原子核，原子核分裂，放出原子能，同时产生新的中子。新中子的速度极快，达到几万千米每秒。只有使这类快中子变成慢中子，才能继续去轰击别的原子核，引起新的分裂，然后持续不断地发展成"链式反应"，使原子锅炉里的原子燃料真正"燃烧"起来。因为铍对中子有很强的"制动"能力，所以它就成了原子反应堆里效能很高的"减速剂"。为了防止中子跑出反应堆，反应堆的周围需要设置"警戒线"——中子反射体，用来"勒令"那些企图"越境"的中子返回反应区。这样，一方面可以防止看不见的射线损害人体健康，保护工作人员的安全；另一方面还能减少中子逃逸的数量，节省"弹药"，使核裂变顺利进行。铍的氧化物比重小，硬度大，熔点高达 $2450℃$，而且能够像镜子反射光线那样把中子反射回去，是建造原子锅炉的好材料。

现在，很多原子反应堆要用铍做中子反射体，特别在建造用于各种交通工具的小型原子锅炉时，更需要铍的参与。建造一个大型的原子反应堆，往往需要动用两吨多金属铍。

（4）于航空工业显神威

航空工业的发展中，重量轻、强度大的铍大有用武之地。有些铍合金是制造飞机的方向舵、机翼箱和喷气发动机的好材料。现代化战斗机上的许多构件改用铍制造后，由于重量减轻、装配部分减少，飞机的行动更加迅速灵活。20世纪60年代以后，铍在火箭、导弹、宇宙飞船等方面的用量剧增。

铍是较好的热导体。现在有许多超音速飞机的制动装置是用铍来制造的，因为它有极好的吸热、散热性能。人造地球卫星和宇宙飞船高速穿越大气层时，机体与空气摩擦会产生高温。铍作为它们的"防热外套"，能够吸收大量的热，并很快地散发出去，这样就可防止机体温度过高，保障飞行安全。

铍还是高效率的火箭燃料。铍在燃烧的过程中能释放出巨大的能量，是一种优质的火箭燃料。

（5）"职业病"的"灵丹妙药"

这里所谓的"职业病"，是指许多金属和合金会"疲劳"，而且一旦"疲劳过度"，就不能再用。怎么治疗金属和合金的这种"职业病"呢？医治这种"职业病"的"灵丹妙药"就是铍，如在钢中加入少量的铍，把它制成小汽车用的弹簧，在多次冲击后，也不会出现"疲劳"的迹象。

（6）有毒的甜味金属

有些金属的化合物是带有甜味的，于是人们就把这类金属叫作"甜味金属"，铍就是其中的一种。但是千万不要直接接触铍，因为它具有毒性。人即使接触了极少量的铍，也可能染上急性肺炎——铍肺病。铍的化合物的毒性更大，铍的化合物可在动物的组织和血浆中形成可溶性的胶状物质，进而与血红蛋白发生化学反应，生成一种新的物质，从而使组织器官发生各种病变。肺和骨骼中的铍，还可能引发癌症。铍的化合物虽然甜，却是"老虎的屁股"，千万摸不得。

6. 钠和钾的发现

1806 年，戴维开始进行电化学研究。他用 250 对金属板制成了当时最大的伏打电堆，可以产生强大的电流。最初，他对碳酸钾的饱和溶液进行电解，但并未电解出金属钾，只是把水分解了。1807 年，戴维决定改变做法，电解熔融的碳酸钾。但是干燥的碳酸钾并不导电，所以必须将碳酸钾放在空气中暴露片刻，让表面吸附少量的水分，使它有导电能力，然后将表面湿润的碳酸钾放在铂制的小盘上，并用导线将铂制小盘与电池的阴极相连，与电池阳极相连的铂丝则插在碳酸钾中，整个装置都暴露在空气中，通电以后，碳酸钾开始熔化，表面沸腾了。戴维发现阴极上有强光产生，阴极附近产生了带金属光泽的、酷似水银的颗粒，有的颗粒在形成后立即燃烧起来，产生光亮的火焰，甚至发生爆炸；有的颗粒则被氧化，在表面形成一层白色的薄膜。戴维将电解池中的电流倒转过来，仍然在阴极上发现银白色的颗粒，这种颗粒也能燃烧和爆炸。他把这种金属颗粒投入水中，开始时它在水面上急速转动，发出"嘶嘶"的声音，然后燃烧，放出淡紫色的火焰。戴维看到这一惊人的现象后，欣喜若狂，竟然在屋子里跳了起来，并在笔记本上写下："重要的实验，证明钾碱被分解了！"他确认自己发现了一种新的碱金属元素。由于这种金属是从草碱（草木灰）中制取的，所以戴维将它命名为"Potassium"，中文译为"钾"。接着，戴维采用同样的方法电解了苏打，获得了另一种碱金属元素，这就是"钠"。

7. 锂的发现

1817 年，瑞典化学家阿尔费德森（1792—1841 年）在分析一种矿物时发现，得出的物质中已知成分只占96%，那么其余的 4% 是什么呢？反复实验后，他确信矿物中含有一种至今还不知道的元素。因这种元素是在

矿物中发现的，他就将其取名为"锂"（希腊语中为
"岩石"之意）。不久，阿尔费德森又在其他矿物中发现
了这种元素。另一位著名的瑞典化学家贝尔塞柳斯也在
卡尔斯温泉和捷克的马里安温泉的泉水中发现了锂。

1855 年，德国化学家本生（1811—1899 年）和英
国化学家马提森（1831—1870 年）用熔融的氯化锂电
解出了纯锂。

8. 铷和铯的发现

光谱分析法的发明者之一——本生认为：分析吸收
光谱有助于测定天体物质和地球上物质的化学组成，还
可以用来发现地壳中含量非常少的新元素。1860 年，
本生和基尔霍夫取来了杜尔汉矿的泉水，将它浓缩后，
再除去其中的钙、锶、镁、锂的盐，制成母液，用来进
行光谱分析。当他们将一滴溶液滴在本生灯的火焰上，
除在分光镜中看到了钠、钾、锂的光谱线之外，还能看
到两条显著的蓝线。他们进行查对，发现在当时已知元
素中，没有一种元素能在光谱的这一部分显现出这两条
蓝色，因此他们确定该溶液中含有一种新元素，它属于
碱金属。他们把它命名为"铯"，即指它的光谱像天空
的蓝色。

1861 年，本生和基尔霍夫向处理云母矿所得的溶
液中加入少量氯化铂，将产生的大量沉淀置于分光镜上

进行鉴定。他们只看见了钾的谱线。后来，他们用沸水洗涤这种沉淀，每洗一次，就用分光镜检验一遍。他们发现随着洗涤次数的增加，从分光镜中观察到的钾的光谱线逐渐变弱，直至消失，同时又出现了另外两条深紫色的光谱线，它们逐渐加深，最后变得格外鲜明，出现了几条深红色、黄色、绿色的新谱线，它们不属于任何已知元素。于是他们认为这又是一种新的元素。因为它能发射强烈的深红色谱线，他们就将其命名为"铷"。1862 年，本生加热碳酸铷和焦炭的混合物，制得了金属铷。

此后，光谱分析法被广泛采用。门捷列夫预言且被证实的元素镓、钪、锗等都是用光谱分析法发现的。本生和基尔霍夫发明的光谱分析法，被称为"化学家的神奇眼睛"，一直到今天，它还在发挥作用。

9. 钫的发现

帕雷伊（1909—1975 年）是法国核化学家，毕业于巴黎理学院，曾在巴黎的镭研究所做居里夫人的助手。1939 年，帕雷伊在研究锕 227 的放射性衰变产物时发现，产物中除了放出意料中的 β 粒子，还放出 α 粒子，而 α 粒子是原子量为 4 的氦核，这意味着帕雷伊发现了质量为 223 的核素。进一步的研究表明，它就是那个原子序号为 87 的元素。1945 年帕雷伊将它命名为钫

(Francium)。

10. 氮气的发现

1755 年，英国著名的化学家布拉克做了这样一个实验：在一个钟罩内，放进燃烧的木炭，一会儿后木炭就熄灭了。布拉克认为木炭在钟罩内燃烧可以生成"固定空气"（即二氧化碳气体）。但用氢氧化钾溶液吸收二氧化碳后，钟罩内仍有残余气体。残余的气体是什么？性质如何？他无法回答。布拉克要求他的学生卢塞福继续研究这个问题。

17 年后，卢塞福用动物重做了这个实验。他把老鼠放入密闭的钟罩内，老鼠被闷死，而老鼠死后，气体的体积又缩小了十分之一。若用碱液去吸收密闭器皿内的气体，发现气体的体积又缩小十分之一。但奇怪的是，在这老鼠也无法生活的气体里，居然可以点燃蜡烛，当烛光熄灭以后，如果往密闭容器内投入少许磷，磷又可继续燃烧。

卢塞福的实验说明了两个问题：一是很难将氧气从空气中全部除净。二是这种剩余的气体既不助燃，也无助于呼吸。它不能维持动物的生命，能够灭火。这种气体既不溶于水，也不溶于氢氧化钾溶液。卢塞福把这种气体称为"油气"或"毒气"。但因相信燃素学说，他不承认"油气"是空气的一种成分，因而遗憾地与真理

"擦肩而过"。犯同样错误的还有普利斯特利，他也做了上述实验。他把上述剩余的气体称为"被燃素饱和了的空气"，意思是说因为它吸足了燃素，所以它失去了助燃的能力。那么究竟是谁发现这种气体是氮气的呢？那就是瑞典化学家舍勒。他在 1772 年指出，这种气体较空气轻，能灭火，其性质与固定空气（即二氧化碳气体）颇为相似，但其灭火效力弱于固定空气。他称这种气体为"浊气"或"用过的空气"。舍勒的可贵之处在于他是第一个承认氮气是空气的组成部分的人。

几年后，拉瓦锡将它命名为"氮气"。

11. 氟的发现

氟的发现，是化学元素史上参加人数众多、危险性较大、难度较大的研究课题之一。自 1768 年德国化学家马格拉夫（1709—1782 年）发现氢氟酸（HF 的水溶液），到 1886 年法国化学家莫瓦桑（1852—1907 年）制得单质氟，历时 118 年之久。其间不少化学家因制氟而健康受损，有的甚至献出了生命，这是一段极其悲壮的化学元素史。

1768 年马格拉夫研究萤石（主要成分为 CaF_2）时，判断它不同于石膏和重晶石，不是一种硫酸盐。1771 年化学家舍勒用曲颈瓶加热萤石和硫酸的混合物（反应生成氢氟酸）时，发现玻璃瓶内壁被腐蚀。1810 年，法国物理学家、化学家安培，对氢氟酸的性质进行研究，指出其中可能含有一种与氯相似的元素。化学家戴维的研究也得出同样的结论。1813 年，戴维用电解氟化物的方法制取单质氟，实验选用金和铂做容器，但都被腐蚀了。后来改用萤石做容器，腐蚀问题虽解决了，但得不到单质氟，后来他因病停止了实验。接着乔治·诺克斯和托马斯·诺克斯两兄弟先用干燥的氯气处理干燥的氟化汞，然后把一片金箔放在玻璃接收瓶顶部。实验中金变成了氟化金，可见反应产生了氟，而未得到氟。在实验中，兄弟二人都严重中毒。继诺克斯兄弟之后，鲁耶特对氟做了长期的研究，最后因中毒献出了生命。法国化学家尼克雷也遭受了同样的命运。法国的弗雷米（1814—1894 年）是一位研究氟的化学家，曾电解无水的氟化钙、氟化钾和氟化银，虽然阴极能析出金属，阳极上也产生了少量的气体，但始终未能收集到氟。同时英国化学家哥尔（1826—1908 年）也用电解法分解氟化氢，但实验时因少量氟与氢发生了反应而爆炸。他以碳、金、钯、铂做电极，在电解时碳被粉碎，金、钯、铂被腐蚀。虽然没有制得单质氟，但他们的经验和教训都是极为宝贵的。

1872 年莫瓦桑成为弗雷米教授的学生，莫瓦桑在他的门下不仅学到了物质一般的化学变化规律，而且还学到了有关氟的化学知识和研究过程。他知道，安培和戴维早已证明，盐酸和氢氟酸是两种不同的化合物。后一种化合物中含有氟，由于这种元素反应活性特别强，甚至和玻璃也能发生反应，以致人们无法分离出单质氟。弗雷米反复做了多种实验，仍没有找到一种不与氟反应的物质。尽管制取单质氟难住了众多化学家，但莫瓦桑仍迎难而上，继续研究。他查阅科学文献，研究了几乎所有有关氟及其化合物的著作。莫瓦桑用氟化铅与磷化铜反应，得到了气体的三氟化磷，然后把三氟化磷和氧的混合物通过电火花引燃，虽然也发生了爆炸的反应，但并没有获得单质的氟，而是获得了氟氧化磷。一连串的实验都没有达到目的。莫瓦桑仔细分析整个实验过程后发现，他的实验都是在高温下进行的，而氟是非常活泼的，随着温度的升高，它的活泼性也大大增加，即使在反应过程中它能够以游离的状态分离出来，也会立刻和任一物质化合。显然，反应应在室温或冷却的条件下进行。他用液体氟化物（如氟化砷）来进行电解，并开始制备剧毒的氟化砷，但是氟化砷不导电，他只好往氟化砷里加入少量的氟化钾。这种混合物的导电性能好，反应几分钟后，阴极表面覆盖了一层电解析出的砷，导致电流中断。

　　莫瓦桑重新设计实验：加入少量的氟化钾，弥补干燥的氟化砷不导电的缺点，把混合物置于一支 U 形的铂管中，然后通电，阴极上很快就出现了氢气泡，但阳极上却没有分解出气体。电解持续了近一小时，分解出的都是氢气，而氟毫无踪影。莫瓦桑一边拆卸仪器，一边思索氟也许就不能以游离状态存在。当他拔掉 U 形管阳极一端的塞子时，惊奇地发现塞子上覆盖着一层白色粉末。原来塞子被腐蚀了，氟分解出来了，但与玻璃发生了反应。这一发现使莫瓦桑受到了极大的鼓舞，并马上改进实验：他把装置上的玻璃零件都换成不能与氟发生反应的萤石。莫瓦桑把盛有液体氢和氟化钾的混合物的 U 形铂管浸入制冷剂中，以铂铱合金做电极，用萤石制的螺旋帽盖紧管口，管外用氯化钾做冷冻剂，使温度控制在 $-23℃$，然后进行电解。终于在 1886 年，莫瓦桑第一次制得单质氟。20 年后，因在研究和制备氟及氟的化合物上的显著成就，莫瓦桑获得 1906 年的诺贝尔化学奖。

12. 稀有气体元素

门捷列夫曾预言氢与锂之间有一个元素存在，但出人意料的是，氢与锂之间竟然有一族元素存在，这就是稀有气体元素。

最先被发现的是氩。1882 年瑞利想要证实普劳特的假说，着手测定氢和氧的密度，以便证实或否定它们的相对原子质量比（1∶16）。历经十年的努力，他宣布，氢和氧的相对原子质量比实际上是 1∶15.882。瑞利还测定了氮气的密度，结果发现大气中的氮气密度为 $1.2572g/cm^3$，而用化学法得到的氮气的密度为

$1.2505g/cm^3$，两者数值从小数点后第三位开始不相同。他提出了好几种假说来解释这种不一致。他假定在大气氮中含有与臭氧相似的成分 N_3，但他把相关的实验结果在杂志上发表后并没有引起广泛的关注。拉姆塞注意到了瑞利的实验，要求共同研究这一问题。拉姆塞检验了已测定的氮气密度值，获得了同样的结果，他宣布这是因为大气氮中含有 N_3 成分。但当拉姆塞着手对大气进行光谱分析时，却发现在光谱中除了已知的氮谱线，还有从未发现过的、不属于任何一种已知元素的一组红色与绿色的光谱线。毋庸置疑，大气中肯定含有某种未知元素。他联想到卡文迪许做的一个实验。卡文迪许曾对含有充足氧气的空气放电，以便固定（氧化）全部氮气。但是结果显示剩下约 1/120 的氮气不能被氧化。拉姆塞和瑞利重做了卡文迪许的实验，结果发现确实有体积约占 1/80 的氮气不能被氧化。两位科学家在研究这种剩余气体时发现，它的密度比氮气的密度要大得多。于是新的气体被命名为氩（argon），其希腊文原意是"不活泼的、惰性的"。氩是一种单原子的气体。氩的发现在科学界引起了极大的反响，其不活泼性令人费解。人们也不知道氩在元素周期表中应该放在什么位置。

氩被发现后不久，人们又发现了一个稀有气体元素——氦。1868 年法国天文学家让森在印度观察日食时，摄下了太阳色球层的光谱。在研究照片时，他发现光谱中存在着明亮的谱线，与钠的黄色谱线不吻合。两个月后英国天文学家洛克耶和弗兰克兰一起研究日珥的光谱时又重新发现了不属于任何已知元素的黄色谱线。这种新元素被命名为氦（helium），希腊文原意是"太阳"。

1895年初，瑞利和拉姆塞得悉希尔布兰德在研究钇铀矿时发现，将这种矿物加硫酸煮沸会放出某种气体，他们便猜想这是氮气。1895年3月，拉姆塞重做了希尔布兰德的实验，获得了约20cm³的气体。在研究它的光谱时，他看到了明亮的黄色谱线，差不多与钠的黄色谱线相吻合，他猜想其中含有未知元素，并暂定名为氦（希腊文的意思是"隐藏着的"）。不久，人们又发现氦不仅存在于铀矿中，而且也存在于其他天然物中，特别是大气中。这就向拉姆塞重新提出了在元素周期表中如何安排氦和氩的位置的问题。拉姆塞并没有马上想到在元素周期表中有特别的零族元素的存在。但是布瓦博德朗采用了门捷列夫的方法，提出了零族元素的想法，并且预言还存在三个未发现的稀有气体。这时拉姆塞也同样采用了门捷列夫的方法，得出结论：还存在有另一种稀有气体，其相对原子质量为20。

拉姆塞开始寻找这种气体，研究了它各种可能存在的场所，最终又回到研究大气层的空气上面来。这时的技术已经能液化空气（特拉弗斯已经安装了这种设备）。1898年5月拉姆塞得到了少量的液态空气，研究了其中较重的组分（把大部分空气蒸发后剩下的残留组合）。

同年 5 月 31 日，他用光谱法发现了一种新气体——氪。这时人们已经完全相信存在另一族稀有元素了。1898年 6 月 7 日，拉姆塞用光谱法研究液态空气中较轻的组分时，发现在光谱的紫色、红色、绿色部分，存在一系列谱线，他把这种新发现的气体命名为氖（英文为neon，希腊文的意思是"新的"）。同年拉姆塞又发现了另一稀有气体氙（英文为 xenon，希腊文的意思是"陌生的"）。连同氡（1900 年卢塞福和索迪发现自镭产生的气体，也是一种稀有气体），这些元素构成了一整族的稀有气体元素。

稀有气体元素的发现，对近代原子结构理论和化学键理论的发展起到了不可估量的作用。人们以稀有气体元素原子所特有的原子结构为基础，提出了这样的理论：其他元素的原子在得失电子后成为稳定离子时，电子结构和它在周期表上最邻近的稀有气体元素相同，并依此提出了原子或离子的核外电子的构造原理。按照这种理论，原子在得失电子，使最外层满足 8 个电子（H、Li、Be 为 2 个电子，和氦的电子结构相似）后，将成为该元素最稳定的离子，从而将元素在周期表中所处的位置（主要是族）和元素的典型化合价、典型化合物的化学式联系了起来。这对原子形成分子时的化学键理论的形成有很大作用，是书写分子结构式时的一种重要依据。这些以稀有气体元素的性质和原子结构为基础形成的化学理论，构成了现代化学理论体系和教学体系的基础。

1962 年，英国化学家巴特利特在研究铂的氟化合物时，分离出一种淡红色的固体。在确认这种固体的化学式是 $O_2^+PtF_6^-$ 之后，他根据氙的第一电离能（即基态气态原子失去最外层第一个电子时需的能量，它的数值可用以表征这种元素的原子丢失第 1 个电子的难易程度）为 1130kJ/mol，和氧气分子变成 O_2^+ 时所需的能量（1110kJ/mol）相近的事实，认为用同样的合成条件应当能够得到与 $O_2^+PtF_6^-$ 相似的 $Xe^+PtF_6^-$。他在实验室里用不太激烈的条件合成了第一个稳定的稀有气体元素化合物，揭开了稀有气体元素化学新的篇章。巴特利特的发现和随之而来的不断发现的稀有气体的化合物，强烈地冲击了化学家们所熟悉的经典原子结构理论和化学键理论。

1962 年以后，关于合成稀有气体元素化合物的工作有了长足的进展。就在巴特利特成功合成 $Xe^+PtF_6^-$ 几个月之后，美国的阿贡国家实验室在 400℃和不大的压力条件下，制备出第一种性质稳定的稀有气体元素和卤素的二元化合物四氟化氙（XeF_4）。四氟化氙是一种白色固体，熔点为 140℃。此后，人们陆续合成了 XeF_2、FeF_6、XeO_3、XeO_4 和 KrF_2。科学家们也合成了含有氧、氟、稀有气体元素的三元化合物（如 XeOF_4、XeO_2F_2 等），还有氟化氙和氟化锑的复合物（如 $XeF_2 \cdot SbF_6$、$XeF_2 \cdot 2SbF_6$、$XeF_3 \cdot 3SbF_6$、$XeF_3 \cdot$

Sb_2F_{11}、$Xe_2F_{11} \cdot SbF_6$ 等）。后来研究者们又合成了氡的氟化物、KrF_2 与金属氟化物的复合物。20 世纪 80 年代后，含有 Xe-N 键的稀有气体元素化合物的合成研究也获得成功。

化学是一门以实验为基础的学科，实验对化学科学与技术的发展的指导作用是巨大的。但我们绝不应低估完整的理论体系对学科发展的重要推动作用。稀有气体化合物的发现与发展史充分地证明了这点。以稀有气体化学学科的建立为契机，对原来的化学理论体系进行修正和补充，将是 21 世纪化学家的光荣任务之一。

1991 年，全国自然科学名词审定委员会（现称全国科学技术名词审定委员会）公布的《化学名词》中，把"惰性气体"改称为"稀有气体"。其理由在于惰性气体的"惰性"是相对的。这里的"惰性"指的是惰性气体都是由最外层有八个电子（氦最外层两个电子已排满）的稳定结构的单原子构成。尽管稀有气体很不活泼，但是，它们依然可以在工业、医学及日常生活中发挥特长。它们的主要作用如下：

①利用稀有气体极不活泼的化学性质，我们常把稀有气体作为生产中的保护气。例如，在电灯泡内充入氮氩混合气体，可减少钨丝的损坏，延长灯泡的使用寿命。除此以外，在半导体工业、原子反应堆的机械加工制造业及制造飞机、火箭等工艺中都需用稀有气体做保护气。

　　②稀有气体在通电时会发出有色光，在电光源中有特殊的应用。例如，五光十色的霓虹灯中就充入了不同比例的氖气、氩气、氦气；氖灯透雾性强，常用作码头、机场的灯标；氙灯发光强度高，被誉为"人造小太阳"。

　　③氦气代替氢气填充气球或飞艇时，不会发生爆炸。

　　④用稀有气体制成多种混合气体激光器，常应用于测量和通信领域。

　　⑤用氦气代替氮气，跟氧气混合，形成"人造空气"，供潜水员呼吸，潜水员不会发生"气塞症"。

　　⑥医学上应用氙气做麻醉剂。

　　相信在人们不断研究探索中，稀有气体的应用会越来越广，会发挥出更大的作用。

第四章　化学实验安全常识

众所周知，化学是以实验为基础的科学，但化学反应有很多不确定性，所以实验安全尤为重要，稍有不慎，便可能出现安全事故。笔者总结了一些常见的、易出现安全事故的实验及应急处理措施，希望对大家有所帮助。

1. 规范操作，防微杜渐

实验时，严格按照规范操作，重视操作细节，可有效避免安全事故的发生。

①在试管中加热固体时，应先将试管干燥，并使试管均匀受热，防止加热过程中试管炸裂。

②在试管中加热液体时，试管应与桌面成45°，试管内的液体不应超过试管容积的1/3，试管口不能对着人，以防止加热过程中液体沸腾冲出烫伤人。

③使用酒精灯时，切勿向燃着的酒精灯内添加酒精，禁止用一个酒精灯引燃另一个酒精灯。

④对烧杯中的液体加热时，必须垫上石棉网，防止

烧杯因受热不均而炸裂。

⑤蒸发溶液时，应用玻璃棒不断搅拌，防止液体受热不均而迸溅。

⑥点燃可燃性气体（如 H_2、CH_4、CO）前要检验气体纯度，防止气体不纯，点燃后发生爆炸。

⑦CO 还原 CuO 时，加热前应先通入 CO 一段时间，赶走空气，防止装置内 CO 与空气混合受热，导致爆炸，同时还要进行尾气处理，防止 CO 污染空气。

⑧加热 $KMnO_4$ 和 $KClO_3$ 混合物制取氧气时，要注意药品中不能混有可燃物，否则有引起试管爆炸的危险。

⑨高中阶段用到棉花的实验主要有三处：第一处，用 $KMnO_4$ 制 O_2 时，要在试管口塞一团棉花，防止 $KMnO_4$ 粉末进入导管内堵塞导管，引起试管炸裂；第二处，铜和浓硝酸反应时，管口要堵上浸有氢氧化钠溶液的棉花，用以吸收氮的氧化物气体，防止污染大气；第三处，用氢氧化钙和氯化铵固体制氨气时，收集氨气的试管口要放置一团棉花，防止氨气与空气发生对流，保证氨气的纯净度。

⑩加热固体药品制取氧气，排水法收集氧气结束时，应先从水槽中撤出导管，再熄灭酒精灯，防止水槽中的水倒流入试管，使热的试管炸裂。

⑪白磷等易燃物应保存在水中，用后不能随意丢

弃，因为白磷的着火点较低，容易发生缓慢氧化而自燃，引发火灾。

⑫做探究燃烧条件的实验时，若使用有毒气体或实验中可能产生有毒气体，应在通风橱内进行实验。

⑬稀释浓硫酸时，要记住"浓酸入水，玻棒搅拌"，即应将浓硫酸慢慢注入水中，并用玻璃棒不断搅拌，切不可将水倒入浓硫酸中，防止水浮在酸液上方，液体沸腾后溅出烫伤人。

⑭蒸馏或加热易沸液体时，应在容器中加入几粒沸石或碎瓷片，防止液体暴沸。

2. 常见意外事故的处理

若不慎在实验时出现意外，不要惊慌，用所学知识进行应急处理可以降低损害。笔者把常见的实验事故应急处理总结如下：

（1）玻璃割伤

玻璃仪器割伤手时，应及时取出伤口内的玻璃碎片，抹上红药水后再进行包扎。紧急时，可用氯化铁固体应急止血，同时应及时就医。

（2）烫伤

小面积烫伤时，应立即用冷水冲洗降温，然后在伤处抹上烫伤膏、万花油；大面积烫伤时应及时就医。

（3）药品入眼

眼睛里溅入药液时，特别是有腐蚀性或有毒药液，应立即用大量清水冲洗，切不可用手揉眼睛。建议边洗边眨眼睛，并及时就医。

（4）酸或碱溶液沾在皮肤或衣服上

①酸溶液沾到皮肤或衣服上，应立即用大量的清水冲洗（如果是浓硫酸，先迅速用干抹布擦拭，再用清水冲洗），然后用3‰～5‰的碳酸氢钠溶液或肥皂水冲洗。

②碱溶液沾到皮肤或衣服上，应用大量的清水冲洗，再涂上硼酸溶液。

（5）酸或碱溶液流到实验桌上

应立即用适量的碳酸氢钠溶液或稀醋酸冲洗，然后用清水冲洗，再用抹布擦干。如果酸、碱溶液量少，则立即用抹布擦净，再用水冲洗抹布。

（6）发生火灾

①火势很小时，及时灭火，防止火势蔓延。

②火势小时，如洒在桌面的酒精燃烧，应立即用湿抹布盖灭。

③火势稍大时，应选用灭火器灭火，及时拨打119火警电话求救。

④注意与水易发生剧烈反应的物质不能用水灭火。

⑤注意由电引起的火灾，应先切断电源，再进行灭火。

（7）水银温度计破裂

水银温度计的水银球不慎破裂，水银渗出时，立即先用硫磺粉覆盖吸收，再进行处理。

3. 化学实验中灼伤、中毒的急救

化学灼伤指强酸、强碱及一些有毒试剂等接触皮肤，引起人体局部损伤。常见的主要有酸、碱、溴、磷、酚等的灼伤，常见的症状是热、痛，如不及时处理，化学灼伤会引起组织坏死，留下灼痕。

中毒指某些物质进入人体，损害组织或器官，并引起组织或器官功能性或器质性改变。中毒主要是有毒气体和有毒试剂中毒，常见的症状有腹痛、头痛、恶心、呕吐、呼吸困难等。

下面介绍一些常见的化学灼伤、中毒的急救处理方法。

（1）灼伤

发生灼伤时，必须根据化学药品的性质及被灼伤的部位采取相应的处理措施。

①碱类灼伤。强碱具有腐蚀性和刺激性，能使体内脂肪皂化、组织胶凝化，变为可溶性化合物，破坏细胞膜结构。一旦碱类物质灼伤皮肤，应立即用大量清水冲洗至碱性物质消失为止，再用1％～2％醋酸或3％硼酸

进一步冲洗。眼灼伤时应先用大量流水冲洗，再选择适当的中和药物（如 2%～3% 硼酸）大量冲洗，并及时就医。

②酸类灼伤。常见的强酸（如硫酸、硝酸、盐酸）都具有强烈的刺激性和腐蚀性。浓硫酸因其强烈的脱水性，灼伤皮肤后可使皮肤呈黑色；硝酸可与蛋白质发生颜色反应，使灼伤皮肤呈灰黄色；盐酸灼伤皮肤后可使皮肤呈黄绿色。皮肤被酸灼伤后应立即用大量流水冲洗（皮肤被浓硫酸灼伤时切忌先用水冲洗，以免硫酸水合时大量放热而加重伤势，应先用干抹布吸去浓硫酸，然后再用清水冲洗），彻底冲洗后可用 3%～5% 的碳酸氢钠溶液、淡石灰水或肥皂水进行中和。切忌未经大量流水彻底冲洗就用碱性药物在皮肤上直接中和，这样会加重皮肤的损伤。强酸溅入眼内，在现场应就近立即用大量清水或生理盐水彻底冲洗，冲洗时应将头置于水龙头下，使冲洗后的水自伤眼的颞侧流下，这样既避免水直接冲眼球，又不至于使带酸的冲洗液进入另一只眼。冲洗时应拉开上下眼睑，使酸不会滞留于眼内。如无冲洗设备，可将眼浸入盛有清水的盆内，拉开下眼睑，摆动头部，洗掉酸液，切忌因疼痛而紧闭眼睛。经上述处理后立即送医院眼科治疗。

③溴灼伤。液溴和溴蒸气对皮肤和黏膜具有强烈的刺激性和腐蚀性。液溴与皮肤接触会产生疼痛，且易造

成难以治愈的创伤，严重时会使皮肤溃烂。溴蒸气能引起流泪、咳嗽、头晕、头痛和鼻出血，严重时可导致死亡。

溴灼伤皮肤时，应先用大量清水冲洗，再用1体积氨水（25%）、1体积松节油和10体积乙醇（95%）混合液洗涤，然后包扎。不慎吸入溴蒸气时，可吸入氨气和新鲜空气解毒。

④白磷灼伤。白磷通过皮肤进入人体后，会加速体内排钙，引起骨骼脱钙，并可抑制机体的氧化过程，造成蛋白质及脂肪代谢障碍。

皮肤被白磷灼伤时，应及时脱去污染的衣物，立即用清水冲洗，再用2%碳酸氢钠溶液浸泡灼伤部位，然后用1%硫酸铜溶液轻涂伤处（硫酸铜溶液能与皮肤上残存的白磷发生反应，形成不溶性磷化铜），用0.1%高锰酸钾湿敷，然后包扎，不能将创伤面暴露于空气中，不能涂抹油脂类物质。

⑤酚灼伤。酚侵入人体后，会分布到全身组织，引起全身性中毒症状，酚可直接损害心肌和毛细血管，导致心肌变性和坏死。

皮肤被酚灼伤时应立即用30%～50%酒精擦洗数遍，再用大量清水冲洗干净，然后用硫酸钠饱和溶液湿敷4～6小时。注意，千万不可先用水冲洗污染面，因为酚用水冲淡到一定浓度时，可使皮肤损伤加重，增加酚的吸收。

（2）中毒

根据途径不同，中毒可分为口服中毒、呼吸中毒和皮肤接触中毒。根据中毒物质不同，中毒又可分为有毒气体中毒、强酸中毒、强碱中毒、酚中毒、汞中毒等，处理方法如下：

①有毒气体中毒。首先迅速将中毒者移至空气流通的地方。注意，对于硫化氢中毒者，禁止进行口对口人工呼吸。二氧化硫、氯气刺激眼部，可用2%～3%的碳酸氢钠溶液充分洗涤，及时就医。

②强酸中毒。误服强酸，可引起嘴唇、口腔和咽部烧伤灼痛、胸骨和腹部剧痛，严重者可发生胃穿孔、腹膜炎、休克甚至窒息。误服强酸后，应立即用100～300mL氧化镁溶液或牛奶、豆浆、水调蛋清、花生油等洗胃（洗胃要在误服强酸后立即进行，稍晚即不宜洗胃，以防引起消化道穿孔），并及时就医。忌用小苏打，因其可与酸产生二氧化碳气体，增加穿孔的危险。

③强碱中毒。误服强碱时，应立即服用柠檬汁、橘汁或1%的醋酸溶液，再服1%硫酸铜溶液催吐，效果不好时送医院用胃管洗胃。

④酚中毒。口服酚中毒者，应立即吞服植物油15～30mL，并进行催吐，如催吐失败，早期可用牛奶及温水洗胃，直至洗出物无酚味为止，同时应及时就医。

⑤汞中毒。汞中毒可损害消化道、神经系统、皮肤黏膜、泌尿生殖系统等，中毒者可出现头痛、嗜睡、牙龈出血、记忆力减退等症状。汞蒸气比空气重，主要通过呼吸道引起中毒，大多数是慢性中毒。预防汞中毒很有必要，地面上撒上硫黄粉可使汞生成毒性小的硫化汞。误服汞时，应及时用炭粉彻底洗胃，用牛奶、蛋清解毒，并及时就医。

总之，一旦发生事故，千万不要惊慌，要立即采取适当措施，把事故消灭在萌芽之中，尽量减轻人体伤害。当然，更重要的是实验时要严格遵守实验室安全守则，操作要规范。

第五章　化学与生活

1. 化学与生活息息相关

（1）营养素

六大营养素为蛋白质、糖类、油脂、维生素、无机盐和水。下面对蛋白质、糖类、油脂、维生素进行简单介绍。

①蛋白质。蛋白质是构成细胞的基本物质，是机体生长及修补受损组织的主要原料，主要存在于肉类、鱼类、奶类、蛋类和豆类等食物中。

蛋白质的主要功能：

A. 维持人体的生长发育和组织的更新；

B. 血液中的血红蛋白在人体吸入氧气和呼出二氧化碳的过程中起着载体作用；

C. 酶也是一类重要的蛋白质，是生物催化剂。

蛋白质的特性：

A. 加热可使蛋白质变性；

B. 重金属盐可使蛋白质变性；

C. 浓的无机盐溶液可使蛋白质的溶解度降低；

D. 某些有机化合物（如酒精、苯酚、甲醛等）可与蛋白质发生反应，破坏蛋白质结构，使其变性，因此人们常用甲醛溶液制作动物标本。

②糖类。糖类是由 C、H、O 三种元素组成的化合物。糖类是身体所需能量的主要来源，淀粉、麦芽糖、蔗糖、葡萄糖等都属于糖类。自然界中糖的主要存在形式是淀粉和蔗糖，淀粉存在于谷物、豆类、马铃薯等植物中，蔗糖主要存在于甘蔗、甜菜等植物中。

糖类的主要功能：

A. 为机体活动和维持体温恒定提供能量；

B. 蔗糖是常用的甜味剂。

糖类的性质：

A. 淀粉遇碘会变色，用此法可检验淀粉的存在；

B. 葡萄糖能与新制氢氧化铜发生反应，生成砖红色的氧化亚铜（Cu_2O）沉淀，用此法可检验葡萄糖的存在。

③油脂。油脂是油和脂肪的统称，是重要的营养物质。常温下，植物油脂呈液态，如花生油、豆油、玉米油等；动物油脂呈固态，如牛油、猪油等。相同质量的油脂和糖类完全氧化，油脂释放的能量比糖类多一倍。油脂是人体的后备能源。

④维生素。人体对维生素的需求量很少，但它却非常重要。维生素能调节新陈代谢，预防疾病，维持身体

健康。缺乏维生素 A 会引起夜盲症，缺乏维生素 C 会引起坏血病。蔬菜、肝脏、水果、鱼肝油、蛋类、豆类等均富含维生素。

（2）化学元素

化学元素对人体而言非常重要，摄入量过高、过低都会给人体健康带来不良影响。

①人体中的常量元素。人体中的常量化学元素是指在人体中质量占体重 0.01% 及以上的元素，这类元素在体内所占比重较大，有机体需求量较多，是构成人体的必备元素，如：C、H、O、Ca、P、K、Na 等。

②人体中的微量元素。微量化学元素在人体中的含量低于 0.01%，如 Fe、Zn、I、Se 等。微量元素的摄入量不足或过多均不利于人体健康。

③人体中的必需微量元素。人体中的必需微量元素有 Fe、Cu、Zn、I、Se 等。

2. 糖与人体健康

一提到甜，我们就会想到糖类。蔗糖、葡萄糖、麦芽糖是大家熟悉的糖，它们不仅味道甜，而且还是供应人体能量的物质。蜂蜜中含有果糖和葡萄糖。果糖是最甜的糖。

所有的糖都甜吗？不是。例如，牛奶中的乳糖是没有甜味的。反过来说，有甜味的都是糖吗？也不是。例如，乙二醇、甘油虽有甜味，但都不是糖。那么，该如何定义糖呢？糖的化学概念是：多羟基醛、多羟基酮或水解后能变成以上两者之一的有机化合物称为糖。显然糖的定义与甜味毫无联系。

人们经常食用的糖有白糖、红糖和冰糖等。它们的制作方法比较简单，将甘蔗或甜菜榨汁，滤去杂质，向滤液中加适量的石灰水中和其中的酸，再过滤除去沉淀，将二氧化碳通入滤液，使石灰水沉淀成碳酸钙，重复过滤，所得滤液就是蔗糖的水溶液了。将蔗糖水溶液放在真空器里减压蒸发、浓缩、冷却，就有红棕色的结晶物析出，这就是红糖；将红糖溶于水，加入适量的骨炭或活性炭吸附其中有色物质，再过滤、加热、浓缩、冷却滤液，一种白色晶体——白糖就出现了。把白糖加热至适当温度，除去水分，就得到无色透明的块状大晶体——冰糖。可见，冰糖的纯度最高，也最甜。

糖精是甜度非常高的甜味物质，但糖精并非"糖之精华"，而是以又黑又臭的煤焦油为基本原料制成的。糖精没有营养价值。食用少量糖精对人体无害，但食用过量糖精对人体有害，所以糖精可以食用，但不可多用。

碳水化合物中，蔗糖热量最高，过量摄入可引起肥胖、动脉硬化、高血压、糖尿病及龋齿等疾病。

3. 食盐与人体健康

成年人体内钠离子的总量约为 60g，其中 80％存在于细胞外液，氯离子也主要存在于细胞外液。它们的生理功能主要有：

①维持细胞外液渗透压，影响人体内水的动向；

②参与细胞内酸碱平衡的调节，维持电解质的平衡；

③氯离子在体内参与胃酸的形成；

④维持神经和肌肉的正常兴奋性。

当细胞外液大量损失（如流血过多、出汗过多）或食盐缺乏时，体内钠离子的含量减少，钠离子从细胞进入血液，会出现血液变浓、尿少、皮肤变黄、四肢乏力等症状。

食盐是生活中不可缺少的调味品。但若摄入量过多，也会对健康不利。食盐摄入量较多的美国人和日本人，高血压患病率较高。而以低盐食物为主的马来西亚和乌干达的某些地区，几乎没有患高血压的人。因此，控制食盐摄入量可以降低高血压发病率。另外，肾病患者也要控制食盐的摄入。

有人觉得食物不加食盐会难以下咽，因此现在有人研究开发了保健盐，这种盐减少了氯化钠含量，增加了钾、镁含量，可以维持体内电解质的平衡。

4. 氟相关物质与人体健康

人体的必需微量元素中，氟是很重要的一种。人体对氟含量极为敏感，满足需要的最大值和导致中毒的最小值相差较小，安全范围比其他微量元素窄得多。所以要注意自然界、饮水及食物中氟含量对人体健康的影响。

氟主要分布在骨骼、牙齿、指甲和毛发中，牙釉质中含量较多，氟的摄入量的多少也最先表现在牙齿上。缺氟时，人会患龋齿；氟过多时，人会患斑釉齿，甚至会患氟骨症等疾病。

饮水是氟的主要来源，研究认为，饮水含氟量建议为 $1.0\sim1.5\text{mg}/\text{L}$，上限不得超过 $2.0\text{mg}/\text{L}$。

市场上出售的加氟牙膏含有氟化钠、氟化锶等氟化物，这些化合物可以起到预防龋齿的作用，适用于缺氟地区。是否需要选用这种含氟牙膏，最好听取卫生部门或牙医的建议。

自从我国逐步淘汰"消耗臭氧层物质"以来，"无氟冰箱""无氟城市""无氟工程"等用语就不时见于报纸杂志，"无氟"一时成了热词。其实，"无氟"的提法是不科学的。"无氟"给人一种错觉，认为破坏大气臭氧层的"罪魁祸首"是氟原子，"无氟"即不含氟，对臭氧层也就没有破坏作用了。实际上，臭氧层的破坏是人们广泛使用的制冷剂、发泡剂、灭火剂、清洗剂中含有的氯原子和溴原子造成的。例如，冰箱制冷剂的氟氯烃中含有氯原子，氟利昂的化学成分是二氯二氟甲烷，用于灭火剂的哈龙中含有溴原子。实际上目前"消耗臭氧层物质"的替代品中很多都含有氟，这些替代品之所以对臭氧层没有破坏作用，不是因为"无氟"，而是由于"无氯"。《中国逐步淘汰消耗臭氧层物质国家方案（修订稿）》中提出了部分物质应自即定年份起停止生产和消费，其中氟氯烃类和哈龙类含有氟，另外还有作为清洗剂的两种物质，即四氯化碳和甲基氯仿，它们不含氟，但它们也是破坏臭氧层的"元凶"，属于被淘汰之列。所以把"消耗臭氧层物质"的替代品冠以"无氟"的称号是错误的，事实上，破坏臭氧层的化学品中有一些是"无氟"的，而替代品中则有很多是"有氟"的。

那氟化物是怎样保护牙齿的呢？

我们牙齿的珐琅质是由羟基磷灰石［hydroxyapatite，HAP，$Ca_{10}(PO_4)_6(OH)_2$］组成的。这是一种相当坚硬的物质，但是牙齿在遇到酸性物质的时候会开始溶解。虽然牙医已经知道要利用氟化物来保护牙齿，不过科学家还不清楚其中的详细原理。

英国科学家利用计算机模拟氟化物进入牙齿珐琅质的过程，为氟化物巩固牙齿的作用做出明确的解释。研究者建立了一个计算机分子动力学的模型来模拟牙齿在人体中的状况。研究发现，氟化物取代羟基磷灰石中的羟基的过程是一种放热反应，表示这是一个很容易发生的反应，所以氟化物可以很轻易地取代羟基磷灰石中的羟基，形成氟磷灰石。不过氟化物要进入珐琅质的深处，放热的量会比在表面进行同样反应的时候少，所以氟磷灰石的发生会局限在珐琅质表面。而且氟化物不像羟基那么容易溶解在水里，所以可以维持珐琅质的结构。氟化物除不易溶于水之外，还可以固定珐琅质表面的钙离子，所以珐琅质就不会流失了。

在不断咀嚼的时候，牙齿表面保护膜会逐渐被磨损，使用含有氟化物的溶液可以形成新的保护膜。氟化物形成的保护膜只是暂时存在，但只要坚持在牙齿上涂抹氟化物（如用含氟牙膏），就可以维持牙齿的结构。

5. 钙与人体健康

骨质疏松已成为国际公共卫生问题之一，对此病的防治是目前生物化学和医学面临的一大难题。随着我国人民生活水平的提高、平均寿命的延长、老年人口的不断增加，骨质疏松的预防与治疗日益重要。

钙非常活泼，还原性很强，能与冷水发生剧烈反应，生成氢气，所以在自然界钙没有游离态，主要以碳酸盐形式存在于霰石、方解石、石灰石、白垩、大理石，并以硫酸盐形式存在于石膏。在人体中，钙也是含量较多的元素之一，仅次于氢、氧、碳、氮。正常成年人体内有 1000～1200g 的钙，约占人体重的 2%，其中 99% 以上的钙存在于骨骼。骨矿物质中有两种磷酸钙，一种是无定形的非晶相体（此种磷酸钙在人体幼年期占优势），包括水合的磷酸三钙和次磷酸钙；另一种是粗糙的结晶相，通常以羟基磷灰石的形式存在。骨晶格的统一单位是一个含有 18 个离子的结构，但生物体内，部分骨矿物质的羟基磷灰石并不一定具有理想化学计量构成的完整性。

人的牙齿（包括牙本质和牙釉质）中的钙，也是以磷酸钙的形式存在，在代谢上比骨骼稳定。身体中的钙，除绝大部分集中在骨骼及牙齿外，还有 1% 存在于软组织、细胞外液和血液，它们统称为混溶钙池。体液中的钙以三种形式存在，即离子钙、有机酸复合的扩散性钙复合物和蛋白质结合钙。

钙是骨骼、牙齿的重要组成部分。骨骼不仅是人体的重要支柱，而且还是具有生理活性的组织。骨骼作为钙的贮藏库，在钙的代谢和维持人体钙的内环境稳定方面有重要的作用。在成年人的骨骼内，成骨细胞与破骨细胞仍然活跃，钙的沉淀与溶解一直在进行。随着年龄的增加，钙沉淀速度逐渐减慢，到了老年，钙的溶出占优势，因而骨质缓慢减少，可能有骨质疏松出现。

钙不仅是机体的重要组成部分，而且在机体各种生理学和生物化学过程中起着重要的作用。它能降低毛细血管和细胞膜的通透性，防止渗出，控制炎症和水肿。

体内许多酶系统的运作（如 ATP 酶、琥珀酸脱氢酶、脂肪酶、蛋白质水解酶等）需要钙离子激活。钙、镁、钾、钠保持在一定的比例是促进肌肉收缩、维持神经肌肉应激性所必需的。婴幼儿抽搐，大多是由低血钙引起的。钙对心肌有特殊的作用，钙与钾相拮抗，有利于心肌收缩，维持心律。此外，钙还参与凝血过程。

小儿缺钙往往伴随着蛋白质和维生素 D 的缺乏，可引起生长迟缓、新骨结构异常、骨钙化不良、骨骼变形、佝偻病、牙齿发软、龋齿等。成年人缺钙时，骨骼逐渐脱钙，可发生骨质软化和骨质疏松，女性更为常见。妇女在中年以后可因缺钙而发生骨质疏松，特别是更年期及绝经期后，钙质流失进一步加剧，应尽早预防。

钙的吸收主要在 pH 值较低的小肠上段。食物中的钙主要以化合物的形式存在，只有经过消化，变成游离钙，才能被小肠吸收。吸收过程以主动转运（即抗浓度梯度和抗电化学梯度的主动吸收）为主，这是一种消耗能量、依赖于维生素 D 及其代谢产物的转运过程。除主动转运外，小肠内钙的吸收还可通过被动扩散，即依赖浓度梯度的吸收。当小肠内钙浓度较低时，钙的主动转运过程占主要地位，这时几乎没有被动扩散吸收；而当小肠内钙浓度较高时，被动扩散过程占主要地位。

钙的吸收与年龄有关。随年龄增长，人对钙的吸收率不断下降。

　　不利于钙吸收的因素有：食物中的植酸与草酸可影响钙的吸收，植酸为肌醇六磷酸，存在于谷物及蔬菜（如菠菜、苋菜、竹笋等）中。一些食物中有过多的碱性磷酸盐等，它们在肠腔内与钙结合成不溶解的钙盐，从而减少钙的吸收；过高的脂肪摄入或消化不良时，体内大量脂肪酸与钙结合，形成不溶性钙皂，从粪便中排出，这个过程也会引起脂溶性维生素 D 的丢失，导致钙吸收降低；膳食纤维中的糖醛酸残基与钙结合，也可影响钙的吸收。

　　有利于钙吸收的因素有：维生素 D 是促进钙吸收的主要因素；某些氨基酸，如赖氨酸、色氨酸、精氨酸等，可与钙形成可溶性钙盐，有利于钙的吸收；乳糖可与钙结合，形成低分子可溶性物质，促进钙的吸收；膳食中的钙磷比例对钙的吸收也有一定的影响，动物实验证明，钙与磷的比值低于 1：2 时，钙倾向于从骨骼中溶解和脱出，严重时可造成骨质疏松；机体对钙需求量的多少也会影响钙的吸收，人体对钙的需求量大时，钙的吸收率增加，如青春期、妊娠阶段，人体对钙的需求量明显提高，钙的吸收率也同步提高。

　　骨质疏松以骨量降低、骨组织的化学成分正常、显微结构退行性改变和骨折的概率增高为特征，临床表现为软弱无力、腰背疼痛、骨疼、骨骼变形。骨质疏松在早期可能无明显自觉症状，但当骨质丧失达 30％ 时，人就可能出现驼背和全身变矮的情况，很多患者常因此发生骨质疏松性骨折。

骨质疏松主要分为两大类，即原发性骨质疏松和继发性骨质疏松。原发性骨质疏松由年龄增加或妇女绝经导致，是骨组织发生的一种生理性变化；继发性骨质疏松往往由其他疾病或某些原因诱发。此外，还有一种原因不明的特发性骨质疏松，不是出现在老年，而是发生在青少年或壮年，此病多有家族遗传性。但不论是先天还是后天、原发还是继发，骨质疏松都与钙缺乏关系密切。另外，人们在高度重视妇女绝经引起的骨质疏松的同时，也要对男性老人的骨质疏松有足够重视。

影响骨质疏松的膳食甚多，高钙摄入的人的骨密度一般也高。因此，建议中老年人适当增加钙的摄入量。

食物中钙的来源以奶及奶制品最好，奶及奶制品中的钙不仅含量丰富，而且食用后吸收率高，是婴幼儿最理想的钙源。蔬菜、豆类、油料种子、瓜子、芝麻酱、虾皮、海带等的钙含量也较高，但植物中常因含有草酸而不利于钙的吸收。在选择蔬菜时应注意其草酸含量，同时可以采用适当的措施促进钙的吸收，避免菠菜、苋菜与豆腐、牛奶、高脂食物同餐。骨粉、牡蛎壳粉也是钙的来源。很多人认为骨头汤中含有足够的钙，其实不然。实际上每 500g 的骨头经 2 小时熬煮，仅可溶出 20mg 多一点的钙，而一杯牛奶（200mL）可以提供超过 200mg 的钙。

目前，对骨质疏松还缺乏有效的治疗，且骨质疏松患者一旦发生骨折就难以恢复。因此，加强骨质疏松的预防比治疗更重要。大多数研究表明，在与年龄或女性绝经有关的骨质丢失中，增加钙摄入量只能起到减少骨质丢失、维持骨量水平的作用，并不能有效而持续地增加骨量。学者普遍认为，在生命前期（儿童期、青春期、成年早期）通过合理的营养摄入和锻炼来获得遗传规定的最大值骨量，是预防骨质疏松的最佳措施。我国人均摄入钙量不足的问题较为突出，而膳食普遍低钙的重要原因是食物搭配不当，各种膳食结构不合理，食物中钙的主要来源是植物性食物，乳制品很少。因此，提倡多吃富含钙的食物（如牛奶、鱼、虾皮、大豆、豆腐等）、经常运动、晒太阳，以有效预防骨质疏松。

6. 亚硝酸盐中毒

日常生活中引起亚硝酸盐中毒的主要因素有以下几点：

①将含亚硝酸盐的"工业用盐"当作食盐用。

②食用含硝酸盐、亚硝酸盐较多的腌制肉制品、泡菜及变质的蔬菜。"乌嘴病"即是典型的食源性亚硝酸盐中毒导致的一类疾病。

③饮用硝酸盐或亚硝酸盐含量高的苦井水、蒸锅水等。

常见的亚硝酸盐有亚硝酸钾和亚硝酸钠，味微咸涩，易溶于水。亚硝酸盐是强氧化剂，进入血液后与血红蛋白结合，使氧合血红蛋白变为高铁血红蛋白，失去携氧能力，从而导致组织缺氧。另外亚硝酸盐对周围血管有扩张作用。口服一定量亚硝酸盐 10 分钟至 3 小时后，人会出现头痛、头晕、乏力、胸闷、气短、心悸、恶心、呕吐、腹痛、腹泻、全身皮肤及黏膜发绀等症状。严重者会出现意识丧失、昏迷、呼吸衰竭，甚至死亡。

急性亚硝酸盐中毒后，患者只要得到迅速正确的救治，一般能很快痊愈。主要治疗措施包括：

①尽快催吐、洗胃和导泻。

②应用亚甲蓝、维生素 C。

③重危患者可采用输入一定量的新鲜血液、吸氧及其他对症处理方式。

亚硝酸盐中毒是完全可以预防的，大家要提高防范意识，如：

①严禁将亚硝酸盐与食盐混放在一起。

②包装或存放亚硝酸盐的容器应有醒目标识。

③禁食腐烂变质的蔬菜或变质的腌菜。

④不喝苦井水，不用苦井水煮饭、和面。

⑤禁止在肉制品加工中过量使用亚硝酸盐。

7. 有机化合物和有机材料

（1）有机化合物

人们把含碳元素的化合物称为有机化合物，如乙醇、甲烷、蔗糖等。

（2）有机高分子化合物

有机高分子化合物的相对分子质量很大，一般是几万到几千万，如淀粉、蛋白质、聚乙烯等。

有机高分子化合物有热塑性和热固性两大类。加热能熔化、可反复加工的塑料是热塑性有机高分子化合物，如聚乙烯塑料袋；而加热成型后不会受热熔化的塑封是热固性有机高分子化合物，如电木。

（3）有机高分子材料

有机高分子材料分为天然有机高分子材料（如棉花、羊毛、蚕丝、天然橡胶等）和合成有机高分子材料。合成有机高分子材料主要有三类：塑料、合成纤维和合成橡胶。

（4）有机合成材料

有机合成材料广泛应用于日常生活及现代工业、农业、国防和科学技术等领域。有机合成材料给人们的生活带来便利，但合成材料废弃物的急剧增加也带来了环境问题，废弃塑料袋带来的"白色污染"尤为严重。回收利用废旧塑料、研制和生产易降解的新型塑料，能够减少"白色污染"。

8. 墨水糊笔头的秘密

使用钢笔的人会有这样的体会，用钢笔时墨水常常阻塞笔尖。事实上，墨水不是溶液，而是一种胶体，胶体会发生沉淀，阻塞笔尖。胶体沉淀的原因有以下几种：

①墨水瓶盖未盖紧，水分蒸发多，墨水变浓，从而产生沉淀。水分少时，色素的胶粒容易碰撞，结合形成大粒子而沉淀下来。特别在较热的时候，更应注意将瓶盖盖好。

②不同牌号、不同配方的墨水混合也会产生沉淀，因为有的墨水胶粒带有正电，有的带有负电，它们混合时，电荷因中和而消失，使胶体变得不稳定而沉淀下来。

③过冷或过热也会使墨水的胶体受到破坏而产生沉淀。因此冬天不应将墨水放在窗口，平时也不要将墨水放在靠近高温的地方。

9. 烟花的秘密

每逢佳节，烟花便会在夜空中五彩斑斓地绽放。如此惊艳的爆裂是数世纪的经验积累的结果。

烟花的绚烂和多次闪烁有关。火药包裹在弹壳里、不同的纸板隔间中。从底部升起的压力越大，礼花弹爆裂的范围就越广。为制造出伴有明亮闪光的大爆炸声，烟花制造者通常会使用高氯酸盐的混合物，这是一种和黑火药不同的爆炸物。

烟花上升时，引线会继续燃烧。在快到达顶点时，引线燃烧减弱，但足够点燃第一隔间里的火药。彩色星体点燃后散向四面八方，但燃放至此并没有结束。引线持续燃烧，并以相同方式点燃第二、三隔间里的火药。

星体是烟花中非常宝贵的物质。一个未点燃的星体外表并没什么特别之处，但当星体点燃时，能产生明亮闪烁的效果。

熟练的工人通过双手把数百个星体装入同一壳体内。他们小心混合已标准化的成分，包括高氯酸盐、黑火药、充当黏合剂和彩色剂的金属和其他化合物（镁或铝产生白色，氯化钠产生黄色，硝酸锶和碳酸锶产生红色，硝酸钡产生绿色，铜产生蓝色，木炭产生橙色）。

星体处理或贮存不当是相当危险的，重击一下就会爆炸。制作车间机器流出的油、可产生静电的人造化纤衣物，都可能引爆"脆弱的"礼花弹。因此烟花生产中的人员必须全身穿不易起静电的棉制品，甚至内衣裤都要求如此。

黑火药的配方是 75% 的硝石，15% 的木炭和 10% 的硫黄。所谓的"一硫二硝三木炭"指的是这几种物质物质的量之比。黑火药被应用于烟花中是因为其具有"低炸"的特性，烟花制造者可通过几种方式来控制火药的燃烧速度，如通过手工制作控制其颗粒的大小，做工精细的烟花比做得粗糙的燃烧得更快。

大多数烟花是从一排排的管道中发射出来的。这些管道（或称"白炮"）约比礼花弹长三倍，但它们直径都是一样的。如果一个礼花弹安装时未贴紧发射管，那么，由推进药产生的压力将会泄漏，从而导致烟花不能升空。

起初，烟花制造者直接点燃由他们制作的、用薄纸卷起来的少许黑火药。之后，引线插入火药中点燃烟花的方式逐渐被采用。现在，连接至烟花产品的电子金属丝被连接到主控板，只需扳动一个按钮，电流将会通过每根金属丝，在靠近主引的位置产生电火花。主引同时点燃两根次级引线，一根快引点燃推进药，另一根埋于礼花弹底部，向烟花的核心部分燃烧。

当黑火药在空中燃烧时，产生的热量和气体能迅速扩散。但如果黑火药被限制在一定空间，比如说在球状烟花的底部，这时燃烧聚集的热量和气体会在发射管里产生剧大的张力，直到产生爆炸。爆炸会释放出大量热量和气体，从而把礼花弹射至高空。

烟花燃放后，多种多样的效果是烟花药剂燃烧时产生的各种焰色反应的结果。

10. 常见化学生活问题

（1）生活常识

【例】以下措施中无法达到目的的是（　　　）

A. 用汽油来对织物上的油污进行清洗

B. 用锅盖灭油锅中的火焰

C. 通过木炭来消除异味

D. 用水清洗自行车车圈来防锈

解析：铁生锈是钢铁发生吸氧腐蚀的结果。防止铁制品生锈，一是要保持铁制品表面的洁净和干燥；二是可以将铁表面与氧气隔绝，如在铁制品表面涂上一层保护膜。用水冲洗自行车不能达到防止车圈生锈的目的。

答案：D

（2）食品安全

【例】"群众利益无小事，食品安全是大事。"以下不会导致人体健康受损的做法是（　　　）

A. 用报纸直接包裹食品

B. 用硫黄熏制辣椒、白木耳等食品

C. 用干冰保存易腐败的食品

D. 用高温油炸薯片

解析：干冰是固体二氧化碳。干冰升华时吸收大量的热，使周围空气的温度降低，而且无残留，没有毒性，因而干冰可用作制冷剂，用来保存易腐败的食品。

答案：C

（3）公共安全

【例1】人们在生活和生产中为了防止事故发生，常需要采取一些安全措施。下列措施不当的是（　　）

A. 严禁旅客携带易燃、易爆物品乘车

B. 人居社区配置消防设备和设置消防通道

C. 夜晚发现煤气泄漏，立即开灯检查

D. 加油站、面粉厂附近严禁烟火

解析：煤气的主要成分是一氧化碳，明火可能引起燃烧甚至爆炸。发现煤气泄漏时，应立即关闭阀门，打开门窗通风，切不可开灯检查。

答案：C

【例2】根据你的生活经验和所学化学知识判断，下列说法不正确的是（　　）

A. 家居装饰好后应立即入住

B. 使用无铅汽油，可以减少汽车尾气的污染

C. 焊割金属时，用稀有气体作保护气

D. 过量使用化肥、农药会造成环境污染

解析：家居装修中的油漆、胶水中有苯、甲醛等对人体健康有害的物质，装修完成后，应通风一段时间才能入住。

答案：A

（4）基本概念

【例】家庭食用的陈醋是以高粱、大麦、豌豆等为

主要原料，经发酵制得的，醋酸的含量在 3.5% 左右。下列关于醋酸的说法中，不正确的是（　　　）

A. 陈醋是混合物，它的主要成分是醋酸

B. 醋酸是一种有机物，化学式为 CH_3COOH

C. 醋酸是由碳、氢、氧三种元素组成的化合物，其元素个数比为 1：2：1

D. 每个醋酸分子中含有 2 个碳原子、4 个氢原子和 2 个氧原子

解析：本题考查的角度比较多，考核混合物、有机物、分子、原子、元素等概念。元素是宏观概念，只能用种数来描述，不能用个数，原子是微观概念，既讲种数又讲个数。

答案：C

（5）化学用语

【例】A、B、C、D 四种化合物，在日常家庭生活中都有广泛应用。其中 A、B 通常情况下为液体，C、D 为固体。A 是生命之源，人们每天都必须饮用它；B 是一种调味品的主要成分，用该调味品可除去水壶中的水垢；C 常用作干果的干燥剂；把 D 加入发酵后的面团中，可以使蒸出的馒头更加可口。回答下列问题：

①B 这种调味品是＿＿＿＿＿＿＿＿＿，C 的俗称是

＿＿＿＿＿＿。

②把适量的 A 滴在一块 C 上，产生大量的 A 蒸气，其原因是＿＿＿＿＿＿＿＿＿＿＿＿＿＿＿＿＿＿＿＿

③写出 A 与 C 反应的产物的溶液跟 D 的溶液反应的化学方程式：_____，该反应类型是_____。

解析：化学式、化学方程式等化学用语是化学考试的重要考点，将其放到生活类情境题中考查，变枯燥为生动。首先我们可以推导出生命之源的 A 物质是 H_2O，能除去水垢的 B 物质是 CH_3COOH，作干燥剂的 C 物质是 CaO，蒸馒头用到的 D 物质是 Na_2CO_3，然后再写出有关的化学方程式。

答案：

①醋；生石灰。

②生石灰与水反应放出大量的热，使水蒸发，产生大量的水蒸气。

③$Ca(OH)_2 + Na_2CO_3 \xlongequal{} CaCO_3 + 2NaOH$；复分解反应。

第六章　化学污染

1. 大气圈和大气污染

根据物理性质和化学组成，大气圈按垂直方向可分为五层：

①对流层。对流层平均高度 12km（赤道附近为 16～18km，极地附近为 8～9km）。对流层的温度自地面随高度升高而降低，每升高 100m 大约降低 0.6℃。空气在对流层大规模地进行垂直对流运动，同时也有水平运动。风、云、雨、雪等主要天气现象都发生在这一层。大气污染也主要发生在这一层，尤其是距离地面 1～2km 处。

②平流层。距地面 12～50km，温度随高度升高而降低，12～35km 处温度基本不变。空气多做平流运动，清洁干燥，无云雨现象。空气中含 O_3，大部分存在于 12～35km。臭氧层能吸收大量紫外线，对地球上的生物起着保护作用。

③中层高度为 50～85km。

④热层高度为 85～800km。

⑤外层高度为 800km 及以上。

大气有自净作用。进入大气中的污染物，经过自然条件下的物理和化学作用，或是向广阔的空间扩散稀释；或是受重力作用，较重粒子沉降于地面；或是在雨水洗涤下返回大地；或是被分解破坏。大气的这种自净作用是一种重要的自然环境的调节机能。应当指出的是，绿色植物的光合作用也是一种大气的自净过程，因为光合作用既消耗二氧化碳，又向大气补充氧气。当大气中污染物的数量超过其自净能力时，将出现大气污染。

造成大气污染的有害物质可以分为以下几类：粉尘类（如煤、烟等），金属尘类（如铁、铝等），湿雾类（如油雾、酸雾等），有害气体类（如二氧化氮、二氧化硫、一氧化氮等）。从大气污染发展的历史来看，可以分二氧化碳、烟尘污染，二氧化硫、金属尘污染，光化学污染三个时期。

光化学烟雾是一种具有刺激性、浅蓝色的混合型烟雾，其组成比较复杂，主要包括臭氧、氮的氧化物、过氧酰基硝酸酯、高活性游离基及某些醛类和酮类等。这些物质并非某一污染源直接排放的原始物质，它们是氮的氧化物和碳氢化合物等一次污染物在阳光照射下发生光化学反应而形成的二次污染物。经研究发现，氮的氧化物和碳氢化合物主要来源于汽车尾气。

废气对臭氧层的影响已引起科学家们的注意。臭氧层通过吸收大量紫外线对地面上的生物起着保护作用。如果臭氧层减少，则透过大气层到达地面的紫外线将增多，进而引起皮肤癌的发病率增高、农业减产等问题。

环境污染日益严重，各国纷纷建立权威性的国家环境保护机构，采取了一系列保护环境的措施，目前已经取得了一定效果。

2. 温室效应

温室效应产生的主要原因是大气里温室气体（二氧化碳、甲烷等）的含量增加。

正常情况下，大气中的二氧化碳处于"一边增长、一边消耗"的动态平衡状况，空气中的各组分含量基本上保持恒定。大气中的二氧化碳有 80% 来自动植物的呼吸，20% 来自燃料的燃烧。75% 的二氧化碳被海洋、湖泊、河流及空中的降水吸收，5% 的二氧化碳通过植物光合作用转化为有机物质贮藏起来。这就是多年来二氧化碳在空气中的体积分数（0.03%）始终保持相对稳定的原因。

但近年来，人口急剧增加，工业迅猛发展，煤炭、石油、天然气等燃烧产生的二氧化碳远超过去的水平；同时，森林被乱砍滥伐，植物光合作用减弱；地表水域逐渐缩小，降水量大大降低，二氧化碳被溶解吸收的量大大减少，二氧化碳生成与转化的动态平衡被打破，空气中二氧化碳含量急剧增加，导致地球气温不断升高。

二氧化碳具有调节地球气温的功能。若没有二氧化碳，地球的年平均气温会比目前降低 20℃ 左右。但是，如果二氧化碳含量过高，就会使地球温度逐渐升高，形成温室效应。形成温室效应的气体有多种，其中二氧化碳约占 75%、氯氟代烷占 15%～20%，此外还有甲烷、一氧化氮等 30 多种气体参与形成温室效应。

如果二氧化碳的含量增加一倍，全球气温将升高 3℃～5℃，两极地区可能升高 10℃。气温升高将导致某些地区降雨量增加、某些地区出现干旱，自然灾害出现频率增加。更令人担忧的是，气温升高将使两极冰川融化，海平面升高，许多沿海城市、岛屿或低洼地区将被海水吞没。因此，必须有效地控制人口增长，科学使用燃料，加强植树造林，防止温室效应给全球带来巨大灾难。

3. 燃料燃烧污染的治理

治理燃料燃烧污染的措施主要有以下几种：

①改变燃料结构。由大量用煤作燃料改成用油料和天然气作燃料。

②安装除尘装置。

③排烟脱硫。采用吸收剂使工业废气中的二氧化硫

得到回收和再次利用，如氨吸收法。其技术要求较低，效率高。

④重油脱硫。经过脱硫，作为燃料用的重油的含硫量可从原来的 3％下降到 0.15％，成为低硫燃料。

⑤改进燃烧方法。改进燃烧方法可使燃料充分燃烧，以减少氮的氧化物和碳氢化合物的生成。

⑥排烟脱氮。汽车装上净化装置，可以降低排出废气中有害物质的含量。

4. 废旧电池的处理

随着各种用电池作能源的电器设备的增加，丢弃的电池越来越多。废旧电池污染物是破坏生态环境的一个重要因素。

我们日常使用的电池中含有大量的重金属，如镉、汞、铬及其他有害物质。混在一般生活垃圾中的废电池，在堆放过程中，其中的有害物质会进入土壤或水源。通过食物链，这些有害物质也会进入人体内。这些重金属一旦进入人体内，将很难被排出。随着机体内积累量越来越高，重金属可对人体肾脏、肝脏、神经系统、造血功能等造成损害，严重时会使人患"骨痛病"、精神失常，甚至癌症。

电池是生产多少便废弃多少，集中生产却分散污染，短时使用却长期污染的一类物品。目前，处理废旧电池的最好办法是收集起来进行再利用。废电池中的许多材料，尤其是其中的重金属，是很重要的工业原料。

5. 预防铅中毒，刻不容缓

1767年，英国人贝克描述：酿酒商在酿造苹果酒时，在酒的发酵和蒸馏过程中使用了铅制容器，造成食品严重污染，饮酒者发生急性铅中毒，具体症状表现为腹痛、神志昏迷和麻痹等，当时居民称之为"干腹痛"。这就是英国"干腹痛"事件。

古罗马也曾发生过急性铅中毒事件。古罗马的制酒方法是用铅制器皿蒸煮葡萄糖浆，此法生产出的糖浆混合物的含铅量相当高。上层贵族大量饮用这种被铅污染的酒后，大多数出现了痛风现象。

以前有"铅魔"的说法。所谓的"铅魔"是针对儿童铅中毒而言的，因为儿童铅中毒就如同患了癌症。其实，"铅魔"对儿童的危害，甚至比"癌魔"还要大。铅是具有神经毒性的重金属元素，而儿童的神经系统正在快速发育中，对于外界毒性物质的抵抗能力较弱。有研究表明，儿童对铅的吸收率较成年人高50%。儿童血铅水平每上升$100\mu g/L$，其智商评分就要下降6～8分。此外，高血铅儿童的身高往往低于正常儿童。铅还可能导致贫血。

环境污染是儿童铅中毒的主要原因。在我国，造成儿童铅中毒的因素大致有以下几个方面：

①工业性铅污染。铅被广泛应用于工业、农业、交通、国防等许多领域，因此这些领域及相关产业都会产生不同程度的铅污染。引起环境铅污染的主要行业有蓄电池制造业、金属冶炼业、印刷业、造船及拆船业、机械制造业等。

②铅汽油的废气污染。传统汽油的生产工艺中以四乙基铅作为防爆剂。这种汽油燃烧后可产生铅粒子，其中三分之一的颗粒铅迅速沉降于道路两旁数公里区域内的地面上（土壤和作物中），其余三分之二则以气溶胶状态悬浮在大气中，然后通过呼吸道进入人体。含铅汽油与儿童铅中毒的关系密切。

③铅作业工人对家庭环境的污染。研究发现，铅作业工人的子女的血铅水平明显高于居住于同一区域的同龄儿童。铅作业工人下班后将工作服穿回家、无立即洗澡的习惯等极易将工作场所的铅尘带到家中，污染家庭环境。因此，加强铅作业工人的健康教育，增强他们的自我保护意识，对预防儿童铅中毒具有积极意义。

④燃煤中的铅污染。加快家庭燃料煤气化的进程对控制室内环境铅污染有一定的现实意义。

⑤学习用品和玩具中的铅污染。儿童常与玩具和学习用品接触。目前，国内市场上供应的部分儿童学习用品和用具表面涂有油漆，而油漆中含有一定量的铅。

⑥有些食品中也含有铅。爆米花是儿童喜爱的食品

之一。由于爆米花机的机身由含铅合金制成，所以爆米花中含有铅。皮蛋（松花蛋）的传统制作工艺是以氧化铅作为食品添加剂，故皮蛋中也有较高含量的铅。因此，应该对家长进行必要的宣教，让儿童尽量不吃这些食品，同时改进传统的加工工艺，以降低铅含量。

铅也会危害母婴健康。铅会对胚胎及胎儿的生存产生不良影响，可致流产、死胎、早产、畸形和低出生体重等。

铅还会危害成年人的健康。铅不仅会对儿童产生不良影响，对成年人也同样会造成巨大危害。急性铅中毒会导致口腔内有金属异味、恶心、呕吐、腹胀、阵发性腹部剧烈绞痛、便秘或腹泻、头痛、血压升高、出汗多、尿少、苍白面容（称为"铅容"）等症状。严重者可能出现中毒性脑病，表现为痉挛、抽搐，甚至出现谵妄、高热、昏迷和循环衰竭等。此外，部分患者还可能出现中毒性肝病、中毒性肾病及贫血等。慢性铅中毒可导致头痛、痉挛性腹痛（铅绞痛）、贫血、慢性肾炎、高血压、认知和行为异常、生育困难等症状。研究表明，铅对人体多个系统均有不良影响，尤其对神经系统、造血系统、生殖系统、泌尿系统。

司机是铅中毒的高危人群。人如果经常用嘴吸汽油、用汽油洗手、洗衣服或手上汽油未洗干净就吃东西，汽油中的铅便会通过呼吸道、消化道及皮肤侵入人体，引起铅中毒。

　　汽车排放的污染物是铅的污染来源。汽车排放的污染物分为铅酸蓄电池产生的废气污染物、废液污染物和固体废物污染物等。铅酸蓄电池在汽车运行中不断地放电和充电，汽车产生的废气中主要包括铅的氧化物及二氧化硫等有害物质。铅酸蓄电池报废时还要排放硫酸液和固体废物，硫酸液中含有硫酸、硫酸铅等，固体废物中含有铅、二氧化铅、硫酸铅、镉、砷等。车内铅、苯、甲苯、镍、铬、锰等物质的浓度一般比外部高。

　　铅是如何进入人体内的呢？

　　①消化道。这是铅吸收的主要途径，大部分儿童铅中毒是通过此途径。铅在肠道内通过主动转运和被动扩散两种方式，由小肠吸收进入血液。主动转运占吸收总量的 80% 以上。主动转运依赖于铅与肠黏膜上的一种转运蛋白结合，由转运蛋白作为载体，将铅转运到血液。被动扩散则是铅由肠腔向血液自然扩散。肠腔中铅浓度越高、血液中铅浓度越低，被动扩散的量就越大。

　　研究证明，铅、钙、铁和锌等在肠道吸收过程中结合同一部位的转运蛋白，相互之间的吸收过程具有竞争性，因此，提高膳食中钙、铁和锌的含量可有效降低铅在肠道的吸收。

　　②呼吸道。空气中含铅的灰尘经鼻孔进入呼吸道后，一部分被鼻毛、气管纤毛、支气管纤毛、细支气管纤毛阻挡，最后以痰液的形式返回口腔。儿童常将其咽入消化道，再由消化道吸收入血。另一部分特别微小的

铅尘到达肺泡，沉积在肺泡里，然后由吞噬细胞等吸收，进入血液。

③皮肤。当我们接触有机铅时，铅会被皮肤直接吸收。

那么如何预防铅中毒呢？

①儿童要养成良好的卫生习惯，特别要注意饭前洗手，不吸吮手指，不将异物放入口中。

②用食品袋盛装食物时，防止塑料袋上的字、画或商标与食品（特别是酸性食品）直接接触。

③避免使用内部绘有花纹的瓷器盛装食品。

④避免使用劣质油漆粉饰家中墙壁。油漆中含有大量的铅，漆屑脱落后，会造成居室铅污染。

⑤尽量不要让儿童在来往汽车较多的马路附近玩耍，因为汽车排出的尾气含有大量的铅。

⑥不要给儿童吃含铅较高的食品，如爆米花、松花蛋、罐头食品等。

⑦蔬菜水果食用前要洗净或去皮，去除残留农药中的铅。

⑧每天第一次打开水龙头时，开始流出的水不要饮用。

⑨注意饮食平衡，补充丰富的钙、锌、铁等。

⑩如果工作中接触铅，应穿好保护服，下班后马上洗澡，换上干净衣服再回家，以免将铅尘带回家中。

⑪尽量多食用富含纤维素的食物，如燕麦、糙米、

麦麸和蔬菜等。多吃富含果胶、海藻胶的水果和海带等。

⑫每日理想的配餐应包括 3～5 种蔬菜，2～3 种水果（颜色不要一样）。尽量多吃富含果酸、维生素 C 及生物黄酮的水果，如刺梨、沙棘、猕猴桃等。它们有助于减轻铅损伤和去除体内的铅。

⑬多饮高蛋白饮品，如牛奶和豆浆等。

⑭食用山核桃、大麦、荞麦、豌豆等食物可以增加锰的摄取量。含锰丰富的食物可提供螯合剂类物质，阻止铅进入动脉上皮细胞。

⑮日常食谱中应含洋葱和蒜头。它们能促进螯合作用，有助于去除体内的铅。

⑯多食含硫丰富的食物，如大蒜、洋葱和豆类等，但要注意，锌能抑制硫的作用。

⑰注意补充 B 族维生素。

⑱使用螯合剂期间注意补充必要的矿物质，特别是含锌、铬的矿物质，因为螯合剂会降低体内的矿物质。建议使用苜蓿、海带、补铁剂和补锌剂。

6. 汞污染严重影响人类健康

全球汞含量的持续增加主要是人类活动造成的。火力发电，垃圾焚烧，金、银、汞的开采和加工，水泥和氯碱的生产，荧光灯管的使用，含汞电器的生产等都会向环境中排放汞。

汞俗称水银，常温下呈液体。任何形式的汞均可在一定条件下转化为剧毒的甲基汞。甲基汞进入人体后，主要侵害神经系统，尤其是中枢神经系统。甲基汞还可通过胎盘侵害胎儿，使新生儿发生先天性疾病。汞污染还可引起心脏病和高血压等心血管疾病，并影响人的肝脏、甲状腺和皮肤的功能。

人类遭受汞污染伤害的途径非常多。其中最主要的途径是食用被汞污染的鱼类和海洋哺乳动物。人类排放的汞随着大气和洋流四处扩散，全球的鱼类都可能受到了不同程度的污染。报告显示，鲨鱼、箭鱼、金枪鱼、带鱼等鱼类及海豹体内的汞含量较高。

7. 氟化物也是"环境杀手"

可能很多人都想不到，平常拿来煎鱼和煎蛋的不粘锅，加热时也会释放出有毒化合物，影响环境。不粘锅表面、烤箱内衬和内燃机内部，在高热条件下可释放三氟乙酸，这是城市中酸雨成分的主要来源。有学者还指出，除了三氟乙酸，氟化物高分子也会分解，可能成为其他含有毒性的长链分子。

8. 白色污染

"白色污染"原特指白色的聚乙烯塑料污染，现主要指废旧塑料污染。

如今，人类的衣食住行、生产建设都离不开塑料，废旧塑料的数量越来越多，其给环境带来的污染也日趋严重。塑料垃圾既不会吸水腐烂，也不易被土壤微生物消化分解。燃烧塑料垃圾会释放出大量有毒物质，污染空气，直接危害人体健康。大量的家用塑料薄膜碎片混入土壤，会阻隔土层的水气通道，阻断农作物根系的扩展和延伸，逐渐使良田变成"死土"，造成减产。因此，废旧塑料的再生利用越来越重要。

第七章　化学武器

战争中用来毒害人畜、毁灭生态的有毒物质称作军用毒剂，装有军用毒剂的炮弹、炸弹、火箭弹、导弹、地雷、布（喷）洒器等统称化学武器。

1. 化学武器的种类及其毒害作用

按毒害作用，化学武器可分为六类：神经性毒剂、糜烂性毒剂、失能性毒剂、刺激性毒剂、全身中毒性毒剂、窒息性毒剂。

①神经性毒剂。神经性毒剂主要为有机磷酸酯类衍生物，分为 G 类和 V 类。G 类神经毒剂的主要代表物有塔崩、沙林、梭曼。V 类神经毒剂是指 S－（二烷氨基乙基）甲基硫代膦酸烷酯类毒剂，主要代表物有维埃克斯。神经性毒剂的主要代表物及其主要理化特性见下表。

神经性毒剂的主要代表物

毒剂名称	化学名称
塔崩（Tabun）	二甲氨基氰膦酸乙酯

毒剂名称	化学名称
沙林（Sarin）	甲氟膦酸异丙酯
梭曼（Soman）	甲氟膦酸频那酯
维埃克斯（VX）	S—（2-二异丙基氨乙基）-甲基硫代膦酸乙酯

神经性毒剂的主要理化特性

毒剂名称	塔崩	沙林	梭曼	维埃克斯
常温状态	无色水样液体，工业品呈红棕色	无色水样液体	无色水样液体	无色油状液体
气味	微果香味	无气味或微果香味	微果香味，工业品有樟脑味	无气味或有硫醇味
溶解性	微溶于水，易溶于有机溶剂	可与水及多种有机溶剂互溶	微溶于水，易溶于有机溶剂	微溶于水，易溶于有机溶剂
水解作用	缓慢，生成HCN和无毒残留物，加碱和煮沸可加快水解	慢，生成HF和无毒残留物，加碱和煮沸可加快水解	很慢，生成HF和无毒残留物，加碱和煮沸可加快水解	很慢，加碱和煮沸可加快水解
用作化学武器时的状态	蒸气态或气溶胶态	蒸气态或气液滴态	蒸气态或气液滴态	液滴态或气溶胶态

神经性毒剂可通过呼吸道、眼睛、皮肤等途经进入人体，并迅速与胆碱酯酶结合，使其丧失活性，引起神经系统功能异常，出现瞳孔缩小、恶心呕吐、呼吸困难、肌肉震颤等症状，重者可迅速死亡。

②糜烂性毒剂。糜烂性毒剂的主要代表物是芥子气、氮芥气和路易斯气等。糜烂性毒剂主要代表物及其主要理化特征见下表。

糜烂性毒剂的主要代表物及其主要理化特征

毒剂名称	芥子气	氮芥气	路易斯气
化学名称	2，2'-二氯二乙硫醚	2，2'，2''-三氯三乙胺	2-氯乙烯二氯胂
常温状态	无色油状液体，工业品呈棕褐色	无色油状液体，工业品呈浅褐色	无色油状液体，工业品呈深褐色
气味	大蒜气味	微鱼腥味	天竺葵味
溶解性	难溶于水，易溶于有机溶剂	难溶于水，易溶于有机溶剂	难溶于水，易溶于有机溶剂
用作化学武器时的状态	液滴态或雾态	液滴态或雾态	液滴态或雾态

　　糜烂性毒剂主要通过呼吸道、皮肤、眼睛等途径侵入人体，破坏组织细胞，造成呼吸道黏膜出现坏死性炎症，皮肤糜烂，眼睛刺痛、畏光等，严重时可导致人失明。这类毒剂渗透力强，中毒后需长期治疗才能痊愈。

　　③失能性毒剂。失能性毒剂是一类暂时使人的思维和运动机能发生障碍的化学毒剂，主要代表物是毕兹（BZ）（二苯羟乙酸-3-奎宁酯）。该毒剂为无味、白色或淡黄色的结晶，不溶于水、微溶于乙醇。战争使用状态为烟状，人主要通过吸入中毒。中毒症状有：瞳孔散大、头痛、幻觉、思维减慢、反应迟钝等。

　　④刺激性毒剂。刺激性毒剂是一类刺激眼睛和上呼吸道的毒剂，按毒性作用分为催泪性毒剂和喷嚏性毒剂等。催泪性毒剂主要代表物有氯苯乙酮、西埃斯（CS）

等。喷嚏性毒剂主要代表物有亚当氏气剂等。

⑤全身中毒性毒剂。全身中毒性毒剂是一类可破坏人体组织细胞氧化功能、引起组织急性缺氧的毒剂，主要代表物有氢氰酸（HCN）等。氢氰酸是氰化氢的水溶液，有苦杏仁味，可与水、有机物混溶，战争时的使用状态为蒸气态，人主要通过吸入中毒。中毒症状为：恶心呕吐、头痛、抽搐、瞳孔散大、呼吸困难等，重者可迅速死亡。

⑥窒息性毒剂。窒息性毒剂是指可损害呼吸器官、引起急性中毒而造成窒息的一类毒剂，主要代表物有光气、氯气、双光气等。光气常温下为无色气体，有烂干草或烂苹果味。光气难溶于水、易溶于有机溶剂。中毒症状分为4期：刺激反应期、潜伏期、再发期、恢复期。在高浓度光气中，中毒者在几分钟内可由于反射性呼吸、心跳停止而死亡。

2. 新型化学武器——二元化学武器

随着科学技术的发展，化学武器也越来越现代化。其中二元化学武器的成功研制，是近年来军用毒剂使用原理和技术的一个重大突破。二元化学武器的基本原理是：将两种或两种以上的无毒或微毒的化学物质分别填装在用保护膜隔开的弹体内，发射后，隔膜受撞击破裂，两种物质混合，发生化学反应，在爆炸前瞬间生成一种剧毒药剂。

二元化学武器的出现解决了大规模生产、运输、贮存和销毁化学武器等一系列技术、安全和经济问题。与非二元化学武器相比，它具有成本低、效率高、安全、可大规模生产等特点。

3. 化学武器的防护

化学武器的杀伤力大、破坏力强，但化学武器的使用受气候、地形、战情等的影响，具有很大的局限性。针对化学武器的防护措施主要有：探测通报、破坏摧毁、防护、消毒、急救等。

探测通报是采用各种现代化的探测手段弄清敌方化学袭击的情况，了解气象、地形等信息，并及时通报。

破坏摧毁是采用各种手段，破坏敌方的化学武器和设施等。

防护是根据军用毒剂的作用特点和中毒途径，设法把人体与毒剂隔绝，同时保证人员能呼吸到清洁的空气，如构筑化学工事、穿戴防护器材（戴防毒面具、穿防毒衣）等。防毒面具分为过滤式和隔绝式两种，过滤式防毒面具主要由面罩、导气管、滤毒罐等组成。滤毒罐内装有滤烟层和活性炭。滤烟层由纸浆、棉花、毛绒、石棉等纤维物质制成，能阻挡毒烟、毒雾、放射性灰尘等毒剂。活性炭经氧化银、氧化铬、氧化铜等化学物质浸渍，不仅具有吸附毒气分子的作用，而且有催化作用，可以使毒气分子转化为无毒物质。隔绝式防毒面具中有一种化学生氧式防毒面具，它主要由面罩、生氧罐、呼吸气管等组成。使用时，人员呼出的气体经呼气管进入生氧罐，其中的水汽被吸收，二氧化碳则与罐中的过氧化钾、过氧化钠发生反应，释放出的氧气沿吸气管进入面罩。其反应式为：

$$2Na_2O_2 + 2CO_2 \Longrightarrow 2Na_2CO_3 + O_2 \uparrow$$
$$2K_2O_2 + 2CO_2 \Longrightarrow 2K_2CO_3 + O_2 \uparrow$$

消毒主要是对沾染上神经性毒剂和糜烂性毒剂的人、水、粮食、环境等进行消毒处理。

急救是针对不同类型毒剂的中毒者及中毒情况，采用相应的急救药品和器材进行现场救护，并及时送医院进行治疗。

4. 禁止化学武器公约

化学武器的使用给人类及生态环境带来了极大的灾难。化学武器一直遭受着国际舆论的谴责，被视为一种暴行。如果各国都想发展化学武器、滥制滥用化学武器，那么，人类早晚会毁在化学武器上。为制止这种罪恶行径，英、法、德等国研制出化学武器后不久，1874年召开的布鲁塞尔会议上就提出了禁止化学武器的倡议。1899 年在海牙召开的和平会议上通过的《陆战法规和惯例公约》中又明确规定：禁止使用毒物和有毒武器。1925 年，在日内瓦又签署了《关于禁用毒气或类似毒品及细菌方法作战议定书》。1993 年，国际社会签署了《关于禁止发展、生产、储存和使用化学武器及销毁此种武器的公约》。

第八章　化学魔术

很多炫丽的魔术都是利用化学方法实现的。教学课堂上，一些新颖的趣味小实验、小魔术，可激发学生浓厚的学习热情，引起学生的好奇心，促使学生积极动脑、动手。要特别指出的是化学魔术都存在一定风险，模仿需谨慎。下面列举几个在日常教学中易做、效果好的化学小魔术。

1. 烧不着的棉布

学校礼堂里的表演开始了，只见张鸣同学手里拿着三块颜色和大小都相同的棉布条，他一一展示给观众看，之后用火点着。结果，第一块布燃烧得特别旺盛，不一会儿就烧光了；第二块布也慢慢烧光了；第三块布却怎么也烧不着。几百名观众都感到奇怪：三块相同的棉布条，为什么有的燃烧得快，有的燃烧得慢，有的干脆烧不着呢？

【魔术揭秘】棉布是由棉花制成的，棉花的主要成分是多糖纤维素，含有碳、氢、氧元素，是可以燃烧的物质。第一块棉布条事先用30％高锰酸钾溶液浸泡，然后晾干。高锰酸钾遇热后分解，释放出氧气，氧气有助燃作用。所以，第一块棉布条越烧越旺，很快便烧光了。第二块棉布条没有经过化学处理，所以燃烧速度正常。第三块棉布条事先浸过30％的磷酸钠溶液，晾干后再浸入30％的明矾溶液，再晾干。这样，第三块棉布条上就有两种化学药品——磷酸钠和明矾，磷酸钠在水中显碱性，而明矾在水中显酸性，它们反应之后除生成水外，还生成不溶解于水的氢氧化铝，所以第三块棉布条实际上被一层氢氧化铝薄膜包围了。氢氧化铝遇热后又变成了氧化铝和水，氧化铝薄膜保护着棉布条，使其不燃烧。

2. 一封密信

放暑假了，同学们在各地度假，小刚决定给同学小华送一个惊喜，他给在外祖母家度假的小华写了一封信。这封信被小华的弟弟打开了，他一看就惊叫起来："姐姐，你快来看，好奇怪，这封信只是一张粉红色的信纸，一个字也没有。"小华接过信，仔细看了看，笑着对弟弟说："姐姐给你变出字来。"弟弟站在一旁好奇地看着，只见姐姐将信纸放到一个白瓷盘中，盘中装着一些"清水"。不一会儿，这张纸上逐渐显现出字迹来，字迹越来越清楚。弟弟一字一句地念着："小华同学，假期过得愉快吧！作业都完成了吗？……"

【魔术揭秘】这封信的写法其实非常简单，写信人是用了硫酸钠溶液，这种溶液无色透明，写在粉纸上晾干后，什么痕迹也没有。小华把收到的这封信放到盛有硝酸钡水溶液的瓷盘中，硫酸钠与硝酸钡发生化学反应，生成了不溶解于水的白色沉淀物——硫酸钡。这样，白色的字迹就在粉纸上清楚地显示出来了。不过，这种魔术在家里是不易实现的。

3. 酸碱花

一年一度的学校趣味化学表演会上，张鸣同学制作的酸碱花吸引了师生的目光。这簇花五颜六色，十分漂亮。张鸣手里拿着喷雾器，向花束喷去，当喷出的雾落到花上时，花的颜色全变了：大红色的花变成了深蓝色的花，浅橙色的花变成了粉红色的花，浅蓝色的花变成了淡红色的花……

一会儿，他又拿起另外一个喷雾器，再向这些花喷雾，又出现了另外的景象：白色的花变成了鲜艳的玫瑰红色花，粉红色的花变成了闪闪发亮的黄色花，棕蓝色的花变成了艳丽的鲜红色花，淡红色的花变成了淡蓝色花，棕红色的花变成了浅蓝色花……

【魔术揭秘】表演前，表演者将这些纸花分别浸在如下化学药品中：石蕊、酚酞、甲基红、甲基橙、刚果红，浸泡后取出晾干，这些纸花就成为五颜六色的酸碱花了。浸过刚果红的纸花颜色是大红色，浸过甲基红的是浅橙色，浸过石蕊的是浅蓝色，浸过甲基橙的是黄色，而浸过酚酞的是白色。这些化学药品是人们熟知的酸碱指示剂。这些指示剂的颜色会随溶液的酸碱性不同而发生变化。所以在不同的溶液中，纸花就变色了。

4. 晴雨花

有这样一种花，并没有浓郁的芳香和美丽的色彩，但是却有一个绝妙的用途，就是它能告诉我们今天是晴天还是雨天，所以人们给它起了一个很合适的名称——晴雨花。如何判断是晴天还是雨天呢？晴雨花在天气晴朗的日子里是蓝色的花；在下雨前，就变成紫色的花；到了下雨时，又变成粉红色的花。

【魔术揭秘】晴雨花不是自然花，而是用二氯化钴溶液浸泡制成的花。二氯化钴对水特别敏感。干燥情况下，无水二氯化钴是蓝色的，它极易吸收空气中的水蒸气，一旦吸收了一定量的水分，就会变成粉红色钴的络合物。天气晴朗时，空气中的水分少，二氯化钴难以吸水，呈蓝色；下雨前，空气湿度增加，水蒸气含量增加，花吸收了一小部分水，其中一部分二氯化钴变成了钴的络合物，此时蓝红两色混合，呈紫色；下雨时，空气中水分含量急剧增加，花中的二氯化钴全部变成了钴的络合物，呈现出粉红色。所以根据晴雨花颜色的变化人们就可以知道天气是晴还是雨了。

5. 神秘的图画

深受同学们喜爱的张老师在今年的教师节大会上展示了一幅神秘的图画。他把一张白纸挂在墙上，然后拿起喷雾器，把一种无色透明的液体喷洒在这张白纸上，转眼间，一幅美丽的画图就展现在了观众的眼前：深蓝色的波涛里行驶着一艘红褐色的巨轮。

【魔术揭秘】墙上挂着的那张白纸，由表演者事先处理好，表演者先在白纸上用淡黄色的亚铁氰化钾溶液画出汹涌澎湃的大海，再用无色透明的硫氰化钾溶液在大海里画出一艘巨轮，晾干后，白纸上没有一点痕迹。喷雾器中装的是三氯化铁溶液，当表演者把三氯化铁溶液喷洒在白纸上时，白纸上同时发生了两种化学反应：其一是三氯化铁和亚铁氰化钾的反应，生成亚铁氰化铁（蓝色）；其二是三氯化铁和硫氰化钾的反应，生成硫氰化铁（红褐色）。这样，蓝色的大海和红褐色的巨轮就显现出来了。

6. 神奇的"玻璃刀"

同学们，你想在一块玻璃上雕刻出一幅美丽的图案吗？老师教你们一招，方法很简单，在一块玻璃上涂一薄层熔化的石蜡，待冷凝后，用针尖在石蜡上刻出你所需要的图案。然后，拿一个铅皿，在铅皿内放入氟化钙和硫酸，在边缘垫一圈橡皮。接着，把涂蜡的画朝下，放在铅皿上，微微加热，一段时间后将画取出，用汽油擦去玻璃表面的石蜡。此时，玻璃上的美丽图案就雕刻出来了。

【魔术揭秘】这里的"玻璃刀"是一种酸——氢氟酸，其可以腐蚀玻璃。氟化钙和硫酸反应生成氟化氢和硫酸钙，其中氟化氢气体从溶液中挥发到玻璃上，氟化氢极易溶于水，故可溶于玻璃上的水中，形成氢氟酸，氢氟酸是不和石蜡发生反应的。没有被石蜡遮盖保护的玻璃表面（即图案部分）则都被这种酸"吃"掉了一层，于是清除石蜡后，玻璃上的图案就显示出来了。其反应方程式如下：

$$4HF + SiO_2 === 2H_2O + SiF_4 \ (\uparrow)$$

7. 沉沉浮浮的鸡蛋

大烧杯中装入稀盐酸，然后将一个新鲜鸡蛋放入烧杯中，它会马上沉底。不一会儿，鸡蛋又上升到液面，接着又沉入杯底，过一会儿鸡蛋又重新浮到液面，可这样反复多次。

【魔术揭秘】鸡蛋外壳的主要成分是碳酸钙，其遇到稀盐酸时会发生化学反应，生成氯化钙、水和二氧化碳气体。其反应方程式如下：

$$CaCO_3 + 2HCl == CaCl_2 + CO_2 (\uparrow) + H_2O$$

鸡蛋浸入稀盐酸后，产生二氧化碳气体，形成的气泡紧紧地附在蛋壳上，产生的浮力使鸡蛋上升。当鸡蛋升到液面时，一部分气泡破裂，二氧化碳气体向空气扩散，从而使浮力减小，鸡蛋又开始下沉。稀盐酸继续和蛋壳发生化学反应，又不断地产生二氧化碳，从而使鸡蛋再次上浮。这样循环往复地上下运动。当鸡蛋外壳中的碳酸钙与盐酸反应完全，不再继续产生气体，鸡蛋的上下运动也就停止了。但是此时由于杯中的液体里含有大量的氯化钙和剩余的盐酸，使得液体的比重大于鸡蛋的比重，因此，鸡蛋最终会浮在液体上部。

8. 水下花园

又是一年教师节，孙老师正在台上表演他每年必备的魔术，今年他表演的是"水下花园"。表演开始，孙老师在一个盛满了无色透明溶液的玻璃缸中，投入了几颗米粒大小的、不同颜色的颗粒。不一会儿，玻璃缸中竟出现了各种各样的"枝条"，纵横交错地生长着，一座"枝繁叶茂"、五光十色的"水下花园"便展现在了观众的眼前，顿时掌声四起。

【魔术揭秘】玻璃缸中盛的无色透明的液体不是水，

而是硅酸钠的水溶液（俗称水玻璃）。投入的各种颜色的小颗粒，是几种能溶解于水的有色盐类的小晶体，它们是氯化亚钴、硫酸铜、硫酸铁、硫酸亚铁、硫酸锌、硫酸镍等。这些小晶体与硅酸钠发生化学反应，生成紫色的硅酸亚钴、蓝色的硅酸铜、红棕色的硅酸铁、淡绿色的硅酸亚铁、深绿色的硅酸镍、白色的硅酸锌。所以当表演者把这些小晶体投入玻璃缸后，它们的表面会立刻生成一层不溶于水的硅酸盐薄膜。这层带颜色的薄膜覆盖在晶体表面，而且只允许水分子通过，其他物质不能通过。当水分子进入这种薄膜之后，小晶体即被水溶解，生成浓度很高的盐溶液，由此产生了很高的压力，使薄膜鼓起，直至破裂。膜内带有颜色的盐溶液流了出来，又和硅酸钠反应，生成新的薄膜，水又向膜内渗透，薄膜又重新鼓起、破裂，如此循环下去，每循环一次，就长出一段"枝叶"。这样，只需片刻，玻璃缸中就形成了"枝繁叶茂"、五光十色的"水下花园"了。

9. 隔空取烟

夏日的一个傍晚，丽娜和小伙伴们聚在院内乘凉。这时，在中学当化学老师的丽娜的爷爷走了过来，手拿一根玻璃棒，说给大家表演一个小魔术——隔空取烟。只见丽娜爷爷在桌上放一个烧杯，杯里装有半杯"清水"，并且不时向空中喷一团团烟雾。随后爷爷指着空中说："我能用这根玻璃棒将烟雾取回来，并且能将它放到烧杯里去。"说完，他拿着玻璃棒在将要消失的烟雾中划了几下，然后用玻璃棒在烧杯口处划了几圈。奇迹出现了，烧杯水面上顿时出现了一团白色的烟雾。小观众们感到很疑惑，他们怎么也弄不清楚玻璃棒为什么能将空中的烟雾取回来。

【魔术揭秘】出现此现象的根本原因在"水"里，烧杯里盛的不是清水，而是无色透明的氨水。氨水的特性之一是易挥发，其中的溶质氨气很容易挥发。其化学反应方程式如下：

$$NH_3 \cdot H_2O = NH_3 \uparrow + H_2O$$

实际上，丽娜的爷爷喷到空中的那些烟雾并没有真的被玻璃棒"抓"回到烧杯中，而是玻璃棒的一端事先沾有浓盐酸，浓盐酸中的氯化氢很容易挥发，当玻璃棒在烧杯口附近划圈时，氨分子和氯化氢分子相遇，化合成氯化铵分子，其状态是固体小颗粒，所以看上去是一团烟雾。其化学反应方程式如下：

$$NH_3 + HCl = NH_4Cl \downarrow$$

10. 火球"游泳"

水火不相容，这是常识。然而，课外科技小组的张亮同学表演了一个"火球游泳"的小魔术。他拿了一个一百毫升的烧杯，里面装上自来水，然后用镊子将一块豆粒大的灰色固体轻轻地放在烧杯里。这时，烧杯里的水面上立刻生成了一个火球，这个火球在水面上滚来滚去，同时发出响声。

【魔术揭秘】张亮同学用镊子放进杯内的固体是金属钠，其非常活泼，一遇水就会发生剧烈的化学反应，同时放出大量热量，并生成可燃气体氢气。其化学反应方程式如下：

$$2Na + 2H_2O \Longrightarrow 2NaOH + H_2 \uparrow$$

钠的熔点很低，反应产生的热量使钠熔化，形成球形，同时使氢气达到燃点，所以在水面上形成了一个火球，火球又被所产生的氢气推动，从而在水面上滚来滚去，好像游泳似的。这个现象说明金属钠化学活性非常强，极易和水反应。所以平常金属钠的保存必须隔绝水和空气，少量钠存放在煤油中，大量钠用固体石蜡封住。

11. 手指点火

我们常看见魔术师用手指点火，此时，魔术师戴着一副毛线手套，用火机点着。他竟然还点燃了一张纸条！真的不会烫手吗？

【魔术揭秘】将毛线手套用水浸透，挤去水后，戴在左手上，四个手指伸进盛有40％酒精的烧杯中浸湿，再伸到酒精灯火焰上引燃。为了让观众看清手指在燃烧，可用右手取一张纸条，在左手指上方引燃。当左手感觉热时，便可用力握拳，右手握住左拳，迅速挤压，搓动手套，此时会因水渗出而将火熄灭。乙醇的沸点低（78℃），水的沸点高（100℃），乙醇燃烧产生的热量消耗在水分的蒸发上，故酒精燃烧一段时间后手指才感觉到热。

附　录

自从想写书以来，每逢周末便会写点东西，记录自己的教学心得、教学方法等，现摘抄其中数篇，同各位分享。

教学心得一："教"海拾贝

化学这门课的特点是知识点零散，虽不像数学、物理那样难以理解，但学生们总感觉"学起来容易，说起来难，做起来烦"。

细细思量，的确是这样的：上课时老师声情并茂地演示，讲解得头头是道，学生听得津津有味，看书时也不觉得晦涩难懂。但是，时间一长，学习的内容一多，一些学生便感到知识点零乱繁杂，无处着手。

在这里，笔者结合多年的教学经验，将日常教学中培养学生记忆力的一些方法写出来，同大家交流。

记忆力的培养是帮助学生克服化学知识"零、散、乱"问题的关键，特别是对基本概念、基础理论的记忆。从教人员在课堂教学中要努力寻找途径帮助学生记忆，良好的记忆方法可达到事半功倍的效果。

①整体记忆。理解透彻，学生才会记得牢。在讲气体摩尔体积这一概念时，学生往往学不懂、用不准、不理解。所以，在授课时，从教人员可将物质的量这节课总结为"六概念""四公式"。

"六概念"包括：物质的量、摩尔、阿伏伽德罗常数、摩尔质量、气体摩尔体积、物质的量浓度。

"四公式"包括：

$$n=N/N_A; \quad n=m/M;$$
$$n=V/V_m; \quad c=n/V。$$

②理解记忆。通过理解领会、正反比较，学生可以加深记忆。讲解气体摩尔体积时，老师可说明这个概念的关键词是："气体""标况""1摩尔""22.4升"，四个要素缺一不可。

③联系记忆。死记硬背孤立知识点，学生学起来枯燥、记起来乏味，并且记忆的时间也不长。但是，如果老师能使学生把已有的基础知识、一些特定的信息与目前所学习的知识联系起来，再使用一些有趣的语言，使学生产生联想记忆，效果会十分明显。

④顺序记忆。有顺序、有逻辑的信息便于人们牢固记忆。在讲 H_2SO_4 的工业制法时，可以采取"三阶段、三方程、三设备、三净化、三原理"的十五字记忆法；在讲炼铁时，学生可以采取"一原理（氧化-还原）、二进口（料、气）、三出口（炉气、铁、渣）、四阶段

（CO、CO_2、Fe、$CaSiO_3$）、五方程"的记忆法；在讲配制当量浓度溶液时，学生可以采取"一算（计算用量）、二称（称量所需物）、三溶（溶解）、四冷（冷却溶液至室温）、五转（将溶液转移至容量瓶）、六定（定容）、七摇（将溶液摇匀）、八装（装瓶）、九贴（贴标签）"的辅助记忆法；在讲电化学时，学生可以采取"一理论（氧化-还原）、二转化（电能-化学能）、四电池（原电池、电解池、电镀池、精炼池）"的记忆法；在讲鉴别、鉴定题的格式时，学生可以采取"一取样、二配液、三操作、四现象、五结论、六方程"的定式记忆法。

⑤对比记忆。对比是一个人在头脑中比较、思考、分析、归纳物与物之间的差异的过程。在讲电解质溶液时，从教人员将阳离子与阴离子、离子化合物与共价化合物、电解质与非电解质、强电解质与弱电解质、极性键与非极性键、强极性键与弱极性键、强酸与弱酸、强碱与弱碱、中和与水解、原电池与电解池等进行对比教学，有助于学生加深记忆。

⑥口诀记忆。语言是思维的表达方式，而朗朗上口、合辙押韵的语言能使学生产生兴趣，也方便其记忆。取固块时："固块用镊夹、不能用手抓、送往试管中、倾斜往下滑。"取粉末时："取粉用药匙、或可纸叠槽、试管水平拿、轻送到底部。"取液体时："取液手不抖、标签对虎口、顺壁往下滑、到量早住手。"讲解酸

碱盐溶解度时："钾钠铵盐皆可溶，硝酸盐类也全行；硫酸盐除去钡和铅，盐酸盐不溶银亚汞；碳酸、磷酸盐类同，钾钠铵溶余不溶；碱中只有少数溶，钾钠铵钡在其中；硫酸钙、硫酸银、氢氧化钙、碳酸镁，四种微溶记心中。"讲解盐类水解规律时："有弱才水解、无弱不水解、谁弱谁水解、谁强显谁性、都弱都水解、同强显中性。"讲解实验室中需用棕色瓶存放的物品时："一酸（硝酸）、二水（双氧水、卤水）、四银（硝酸银、氯化银、溴化银、碘化银）。"讲解酯化反应时："酸脱羟基醇脱氢，酯化加水要弄明。"讲解四大基本反应时："一变多（分解）、多变一（化合）、一单一化两边站（置换）。"

⑦升华记忆。一个概念要在头脑中被记忆牢固，需要经过多次强化，这种多次的强化不是简单的机械重复，而是不断加深理解。在讲解有关置换反应的概念时，从教人员刚开始只是讲解典型的金属锌与盐酸的反应，进而通过实验证明，总结出置换反应的规律，再通过大量的实验和化学反应式，强化置换反应的概念；在酸碱盐的学习中，从教人员通过进一步比较化合反应、分解反应、置换反应、复分解反应，使学生对置换反应有更加清晰的认识。

⑧重复记忆。人的记忆会随时间消失，需要及时复习，才能使知识在头脑中固化。德国心理学家艾宾浩斯研究发现，遗忘在学习之后立即开始，最初的遗忘速度

很快，以后逐渐缓慢。艾宾浩斯记忆遗忘曲线如下图所示。

艾宾浩斯记忆遗忘曲线

这条曲线告诉人们，遗忘是有规律的，遗忘的进程很快，并且先快后慢。观察曲线，你会发现，随着时间的推移，遗忘的速度减慢，遗忘的相对数量也就减少。

还有人做过一个实验，两组学生同时学习一段课文后，甲组在学习后不复习，一天后记忆仅保留36%，一周后下降至13%。乙组按艾宾浩斯记忆规律复习，一天后记忆保持98%，一周后保持86%，乙组的记忆保持情况明显好于甲组。明白了这一点，学生就应该从科学的角度对学习的内容进行及时的巩固和复习。

⑨链接记忆。学习时有意识地观察周边环境，可以使学习过程与学习的周边环境形成链接。当对基础知识记忆模糊或无从回忆时，通过联系气候、陈设、动作、发生的事件、遇到的人、说过的话等与当时学习有关的因素，学生或许会有茅塞顿开、豁然开朗的感觉。

附录

教学心得二：热化学方程式的理解与书写"五要"

每位一线教师都很清楚，热化学方程式是化学反应原理中重要的知识点，在高考中占有比较重要的地位。因此，学生要深入理解和把握热化学方程式。

一、热化学方程式的意义

化学反应包含着三种变化：一是物质变化，这是化学反应的特征；二是化学键的变化，这是化学反应的本质；三是能量变化，这是化学反应本质的外在体现形式。

热化学方程式既能表明反应中的物质变化，又能表明反应中的能量变化，其实质就是表示反应所放出或吸收热量的化学方程式。

二、"五要"法书写热化学方程式

热化学方程式与普通化学方程式有明显区别，但学生很容易混淆，经常将热化学方程式写错。笔者常年从事化学一线教学，发现要让学生正确并牢记热化学方程式的书写，最好有一个系统的方法。所以，笔者总结出"五要"法书写热化学方程式。现将此法解释如下：

① "一要"：要注明物质的聚集状态。物质的聚集状态不同，具有的能量就会不同。同理，反应物和生成物的聚集状态不同，反应热（ΔH）的数值及符号都可

能不同。因此，必须注明物质（反应物和生成物）的聚集状态（气体：g；液体：l；固体：s；稀溶液：aq）。

②"二要"：要注明测定条件。反应热（ΔH）与测定条件（温度、压强等）有关，所以书写热化学方程式时，应注明反应发生时的温度和压强，但在高中阶段，大多数情况下题目中并未指明温度和压强，这意味着此时的反应热（ΔH）是指 25℃（298K）、101kPa 时的反应热。只有在此条件下书写热化学方程式，温度和压强才可以省略。

③"三要"：要注明焓变的正负号。焓变为正，说明该反应吸热；焓变为负，说明该反应放热。在实际学习中，正负号书写错误是高中生书写时常见的错误之一，必须要强化这方面的练习。例如：

$2H_2(g) + O_2(g) === 2H_2O(l)$，$\Delta H = -571.6kJ/mol$。
$2H_2O(l) === 2H_2(g) + O_2(g)$，$\Delta H = +571.6kJ/mol$。

④"四要"：要注意焓变的单位。焓变的单位为 kJ/mol（或写作 kJ·mol^{-1}），其中的"mol^{-1}"是针对化学反应整个体系而言（我们可以通俗理解为"每摩尔这样的化学反应"），而不是针对该反应中的某种物质。如"$2H_2(g) + O_2(g) === 2H_2O(l)$，$\Delta H = -571.6kJ/mol$"指"每摩尔 $2H_2(g) + O_2(g) === 2H_2O(l)$ 反应"放出 571.6kJ 的能量，与反应中的"$H_2(g)$""$O_2(g)$"或"$H_2O(l)$"的物质的量没有关系。

⑤"五要"：焓变的数值要与物质的计量数相对应。

热化学方程式中，各物质化学式前的化学计量数和普通方程式不同，只表示该物质的物质的量，而不能表示分子个数，化学计量数可以是整数、分数（尽量不写成小数）。相同的化学反应，化学计量数不同，反应热也不同。如：

$H_2（g）＋1/2O_2（g）＝＝H_2O（g）$，$\Delta H＝－241.8kJ/mol$。

$2H_2(g)＋O_2(g)＝＝2H_2O(g)$，$\Delta H＝－483.6kJ/mol$。

三、两类特殊的反应热化学方程式（燃烧热和中和热）

燃烧热与中和热的比较见下表。

燃烧热与中和热的比较

		燃烧热	中和热
相同点	能量变化	放热反应	
	ΔH	$\Delta H<0$，单位 kJ/mol	
不同点	反应热的含义	1mol 可燃物完全燃烧时放出的热量，不同反应物燃烧热不同	稀的强酸、强碱溶液反应生成 1mol H_2O 时放出的热量，不同反应物的中和热大致相同，约为 57.3kJ/mol
	反应物的量	可燃物必须是 1mol（O_2 的量不限）	可能是 1mol，也可能是其他的量
	生成物的量	不限量	H_2O 必须是 1mol

注意：

1. 理解燃烧热概念时要把握以下要点

（1）可燃物的物质的量必须是 1mol，且为纯物质。

（2）可燃物必须完全燃烧，比如：C 变为 CO_2，不能为 CO。

（3）生成物必须是稳定的氧化物，常见的有：C→CO$_2$、H$_2$→H$_2$O、S→SO$_2$。

2. 理解中和热概念时要把握以下要点

（1）必须为强酸、强碱溶液。弱酸或弱碱有电离吸热的干扰。

（2）必须为稀溶液。浓酸或浓碱有溶于水放热的干扰。

（3）产物 H$_2$O 必须是 1mol。

四、强化训练

1. 下列酸碱中和反应热化学方程式可用：H$^+$（aq）＋OH$^-$（aq）＝＝H$_2$O（l），$\Delta H=-57.3$kJ/mol 来表示的是（　　）

A. CH$_3$COOH（aq）＋NaOH（aq）＝＝CH$_3$COONa（aq）＋H$_2$O（l），$\Delta H=-Q_1$kJ/mol

B. 1/2H$_2$SO$_4$（浓）＋NaOH（aq）＝＝1/2Na$_2$SO$_4$（aq）＋H$_2$O（l），$\Delta H=-Q_2$kJ/mol

C. HNO$_3$（aq）＋NaOH（aq）＝＝NaNO$_3$（aq）＋H$_2$O（l），$\Delta H=-Q_3$kJ/mol

D. 1/3H$_3$PO$_4$（aq）＋1/2Ba（OH）$_2$（aq）＝＝1/6Ba$_3$（PO$_4$）$_2$（s）＋H$_2$O（l），$\Delta H=-Q_4$kJ/mol

2. 1g H$_2$S 气体完全燃烧，生成液态水和二氧化硫气体，放出 17.24kJ 热量，求 H$_2$S 的燃烧热，并写出该反应的热化学方程式。

解析：1. 根据中和热的定义：当强酸与强碱在稀溶液中发生中和反应时，1mol H^+ 与 1mol OH^- 反应生成 1mol H_2O，放出 57.3kJ 的热量。而 CH_3COOH、H_3PO_4 属于弱酸，反应过程中会不断电离吸热，浓 H_2SO_4 溶解时要放热，故 A、B、D 均不正确，答案选 C。

2. 1g H_2S 完全燃烧，放出 17.24kJ 的热量，根据燃烧热定义，H_2S 的燃烧热为：17.24kJ/g×34g/mol＝586.16kJ/mol。

答案：1. C。

2. 586.16kJ/mol。

H_2S (g) ＋3/2O_2 (g) ＝＝＝SO_2 (g) ＋H_2O (l)，ΔH＝－586.16kJ/mol。

教学心得三：盖斯定律透析及应用

盖斯定律的方程式、系数焓变符号等都是学生容易出错的知识点。所以，笔者在实际教学中，对盖斯定律的教学特别做了些功课，分享如下。

一、盖斯定律的提出

1840 年，盖斯（1802—1850 年）在大量实验的基础上，总结出了一个震惊世界的定律：对于一个化学反应，无论是一步完成还是分几步完成，其反应热都是一样的，这一规律称为盖斯定律。

盖斯定律不仅在理论上为得出能量守恒理论奠定基础，还在化学反应热的计算中有重要应用。全国各地的高考题中，盖斯定律都是颇受青睐的高频考点之一。

二、盖斯定律的要点

不管化学反应是一步完成或分几步完成，其反应热是相同的。换句话说，化学反应的反应热只与反应体系的始态和终态有关，而与反应途径无关，这就是盖斯定律的核心要点。

三、盖斯定律的应用价值

盖斯定律表明，反应的热效应取决于整个体系的始态和终态，而与过程无关。因此，这就给了我们一个思路：研究者可以用代数变换的数学思想来处理热化学方程式，也就是可以利用盖斯定律将化学方程式相加减，以算出实际生产中无法测定的反应热。

四、盖斯定律的应用技巧

1. 加和法

此方法遵循的是数学思想，使用该方法时，将化学方程式看作数学上的代数方程，进行代数变换、加减等数学运算，从而得出我们想要或题目中要求的方程式。笔者又将其称为"四步曲"加和法，过程如下：

①第一步："察"，观察反应物、产物，找出"障碍物"，即需要消去的物质。

②第二步："思"，思考如何加减才能消去"障碍物"。

附
录

133

③第三步："变"，按照一定的思路将热化学方程式进行加减运算，变换，得出新式。

④第四步："算"，按照③的运算方式，计算 ΔH，得出所需的 ΔH。

特别提醒：

①在进行 ΔH 的加减运算时，要带"+""−"符号，即把 ΔH 看作一个整体进行运算。

②遇到物质有固、液、气三态的相互转化时，要注意吸热和放热，当状态有固体→液体→气体变化时，要吸收热量；反之要放出热量。

③注意得出的新式有可能与要求的反应逆向，其反应热与正反应的反应热数值相等，符号相反。

【例】根据下列热化学方程式分析，C（s）的燃烧热 ΔH 等于（　　）

C（s）+ H_2O（l）$=\!=$ CO（g）+ H_2（g），$\Delta H_1 =$ 175.3kJ/mol

2CO（g）+ O_2（g）$=\!=$ 2CO_2（g），$\Delta H_2 = -56$6.0kJ/mol

2H_2（g）+ O_2（g）$=\!=$ 2H_2O（l），$\Delta H_3 = -57$1.6kJ/mol

A. $\Delta H_1 + \Delta H_2 - \Delta H_3$　　　　B. $\Delta H_1 + \Delta H_2 + 2\Delta H_3$

C. $\Delta H_1 + \Delta H_2/2 - \Delta H_3$　　D. $\Delta H_1 + \Delta H_2/2 + \Delta H_3/2$

解析：用"四步曲"加和法分析：

①"察"：起始反应物 C（s）存在于第一个方程

式，O_2（g）存在于第二个、第三个方程式；最终产物 CO_2 存在于第二个方程式；CO（g）存在于第一个、第二个方程式；H_2（g）存在于第一个、第三个方程式；H_2O（l）存在于第一个、第三个方程式。

②"思"：要消去中间产物（障碍物），需要 $2\times$ 反应 $1+$ 反应 $2+$ 反应 3。

③"变"：按照②的思路，得出新式 $2C$（s）$+2O_2$（g）$\Longrightarrow 2CO_2$（g）。

④"算"：根据燃烧热的定义，求出 C（s）$+O_2$（g）$\Longrightarrow CO_2$（g），$\Delta H = \Delta H_1 + \Delta H_2/2 + \Delta H_3/2$。

答案：D。

2. "虚拟路径"法

假设反应物 A 到生成物 D 有两条途径：

第一条途径：$A \rightarrow D$，反应热为 ΔH；

第二条途径：$A \rightarrow B \rightarrow C \rightarrow D$，反应热依次为 ΔH_1、ΔH_2、ΔH_3。

3. 守恒法

这种方法在高中用得最少，笔者在平时的听课中也很少见老师这样用。其实守恒法是一种很实用的方法，其思路是以反应物为起点，根据某元素在各反应中守恒，经过中间产物得到最终产物，类似于多步计算中运用的关系式法。

比如：通过①$A \rightarrow 2B$，ΔH_1；②$3C \rightarrow B$，ΔH_2；③$D \rightarrow 2C$，ΔH_3 计算 $A \rightarrow 3D$ 的 ΔH。可以看出，欲求

出 A→3D 的 ΔH，可列出以下过程：A→2B（①）→ 6C（－②×2）→3D（－③×3），由此可以得出所求的反应热：$\Delta H=\Delta H_1-2\Delta H_2-3\Delta H_3$。

五、盖斯定律的典型应用

【例1】通过以下反应可获得新型能源二甲醚（CH_3OCH_3），下列说法不正确的是（　　　）

①$C（s）+H_2O（g）\!=\!=\!=\!CO（g）+H_2（g）$，$\Delta H_1=a$ kJ/mol；

②$CO（g）+H_2O（g）\!=\!=\!=\!CO_2（g）+H_2（g）$，$\Delta H_2=b$ kJ/mol；

③$CO_2（g）+3H_2（g）\!=\!=\!=\!CH_3OH（g）+H_2O（g）$，$\Delta H_3=c$ kJ/mol；

④$2CH_3OH（g）\!=\!=\!=\!CH_3OCH_3（g）+H_2O（g）$，$\Delta H_4=d$ kJ/mol。

A. 反应①②为反应③提供原料气

B. 反应③也是 CO_2 资源化利用的方法之一

C. 反应 $CH_3OH（g）\!=\!=\!=\!1/2CH_3OCH_3（g）+1/2H_2O（l）$ 的 ΔH 为 $d/2$ kJ/mol

D. 反应 $2CO（g）+4H_2（g）\!=\!=\!=\!CH_3OCH_3（g）+H_2O（g）$ 的 ΔH 为 $(2b+2c+d)$ kJ/mol

解析：根据反应①②③的特点可知：①②中反应生成的 CO_2、H_2 恰恰是反应③的反应物，故 A 正确；反应③将 CO_2 转化为了甲醇，B 正确；由反应④$2CH_3OH（g）\!=\!=\!=\!CH_3OCH_3（g）+H_2O（g）$，$\Delta H_4=d$ kJ/mol

可知，若生成 H_2O（l），ΔH_4 不等于 $d/2$ kJ/mol，C 错误；据盖斯定律，欲得到 $2CO(g) + 4H_2(g) \Longrightarrow CH_3OCH_3(g) + H_2O(g)$，需将方程式进行如下运算：②×2+③×2+④，求得 $\Delta H = (2b + 2c + d)$ kJ/mol，D 正确。

答案：C。

【例 2】$TiCl_4$ 是由钛精矿（主要成分为 TiO_2）制备钛（Ti）的重要中间产物，制备纯 $TiCl_4$ 的流程如下：

钛精矿 —氯化过程 沸腾炉→ 粗$TiCl_4$ —精制过程 蒸馏塔→ 纯$TiCl_4$

氯化过程：TiO_2 与 Cl_2 难以直接反应，加碳生成 CO 和 CO_2，可使反应得以进行。

已知：TiO_2（s）$+2Cl_2$（g）$\Longrightarrow TiCl_4$（g）$+O_2$（g），$\Delta H = +175.4$ kJ/mol；

$2C(s) + O_2(g) \Longrightarrow 2CO(g)$，$\Delta H = -220.9$ kJ/mol。

①写出沸腾炉中加碳氯化生成 $TiCl_4$（g）和 O_2（g）的热化学方程式：_____。

②氯化过程中 CO 和 CO_2 可以相互转化，据下图判断：CO_2 生成 CO 反应的 ΔH _____ 0（填"＞""＜"或"＝"），判断依据：_____

_____。

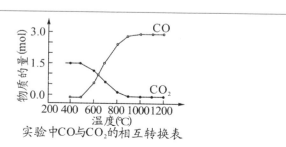

实验中CO与CO_2的相互转换表

五彩斑斓的 **化学**

答案：① TiO_2（s）$+2Cl_2$（g）$+2C$（s）$=\!=\!=$ $TiCl_4$（g）$+2CO$（g），$\Delta H=-45.5kJ/mol$；

②＞；温度越高，CO 的物质的量越多而 CO_2 的物质的量越少，说明 CO_2 生成 CO 的反应是吸热反应。

教学心得四：高考大数据之焓变及盖斯定律

焓变和盖斯定律是高中化学的重要知识点，从热力学角度看，焓变及盖斯定律与现实生产、生活密切相关；从化学学科核心素养角度看，对焓变及盖斯定律的考查，重在培养学生细心观察、变通整合的能力。

经过近十年的中学教材和全国各地高考题的研究，笔者对焓变及盖斯定律进行数据透视，总结出了关于焓变及盖斯定律的高考方向和部分规律，现将焓变及盖斯定律的高考数据与大家分享。

考向一　反应热与能量转化图

反应热与能量转化图主要有三种：第一种是反应热与反应物、产物总能量图；第二种是反应热与反应物、产物的焓变图像；第三种是反应热与反应物键能、产物键能图。

【典型题1】能量转化图与反应热相关问题（2012·重庆）。

肼（H_2NNH_2）是一种高能燃料，化学反应的能量变化如下图所示。已知断裂 1mol 化学键所需的能量

138

（kJ）：N≡N 为 942、O＝O 为 500、N－N 为 154，则断裂 1mol N－H 键所需能量（kJ）是（　　）

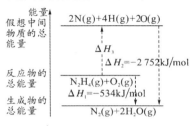

肼化学反应的能量变化示意图

A. 194　　　　B. 391　　　　C. 516　　　　D. 658

解析：反应热有以下几种表达方式：

反应热＝生成物总能量－反应物总能量

反应热＝H（产物）－H（反应物）

反应热＝反应物键能－产物键能

本题涉及了以上表达式中的两种情况：第一种和第三种。结合图像，1mol N_2H_4 和 1mol O_2 转化为原子时吸收的能量为：2752kJ－534kJ＝2218kJ。假设 1mol N－H 键能为 x，据第三种表达方式可得：$4x＋154kJ＋500kJ＝2218kJ$，解得 $x＝391kJ$。

答案：C。

【典型题 2】热化学方程式与能量转化图（2014·浙江）。

煤炭燃烧过程中会释放出大量的 SO_2，严重破坏生态环境。采用一定的脱硫技术可以把硫元素转化为 $CaSO_4$，以该形式固定，从而降低 SO_2 的排放量。但是煤炭燃烧过程中产生的 CO 又会与 $CaSO_4$ 发生化学反应，降低脱硫效率。相关反应的热化学方程式如下：

$CaSO_4$（s）$+CO$（g）$\rightleftharpoons CaO$（s）$+SO_2$（g）$+CO_2$（g），$\Delta H_1=218.4$ kJ/mol（反应 I）；

$CaSO_4$（s）$+4CO$（g）$\rightleftharpoons CaS$（s）$+4CO_2$（g），$\Delta H_2=-175.6$ kJ/mol（反应 II）。

请回答下列问题：

假设某温度下，反应 I 的速率（V_1）大于反应 II 的速率（V_2），则下列反应过程能量变化示意图正确的是（　　）

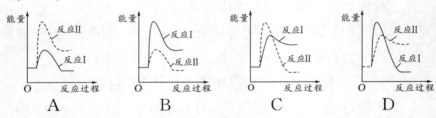

A　　　　B　　　　C　　　　D

解析：本题考查热化学方程式与能量转化图，其中涉及了过度态理论。

①据方程式可知反应 I 吸热，A、D 错误；

②据题干信息，反应 I 的速率（V_1）大于反应 II 的速率（V_2），说明反应 I 的活化能小于反应 II 的活化能，B 错误；

③据①②的分析，可知 C 正确。

答案：C。

考向二　与燃烧热有关的热量计算

【典型题 1】已知燃烧热、物质的量，计算热量（2015·海南）。

已知丙烷的燃烧热 $\Delta H = -2215kJ/mol$，若一定量的丙烷完全燃烧后生成 1.8g 的水，则放出的热量约为（　　）

A. 55kJ B. 220kJ C. 550kJ D. 1108kJ

解析：本题其实是以丙烷为载体，考查燃烧热的概念、反应热的计算，所以要准确把握燃烧热的概念：在标准状况下（298K、101kPa），1mol 可燃物完全燃烧生成稳定的化合物时所放出的热量，叫作该物质的燃烧热。丙烷、生成物水、热量三者之间的关系为 C_3H_8 —— $4H_2O$（l）—— 2215kJ。本题中，1.8g 水，物质的量为 0.1mol，则对应的丙烷的物质的量为 0.025mol，所以反应放出的热量 $Q = 0.025mol \times 2215kJ/mol = 55.375kJ$。

答案：A。

【典型题 2】燃烧热结合盖斯定律求焓变（2015·重庆）。

火药是中国古代的四大发明之一，其爆炸的热化学方程式为：

S（s）$+2KNO_3$（s）$+3C$（s）$\Longrightarrow K_2S$（s）$+N_2$（g）$+3CO_2$（g），$\Delta H = x$ kJ/mol。

已知：碳的燃烧热 $\Delta H_1 = a$ kJ/mol，

S（s）$+2K$（s）$\Longrightarrow K_2S$（s），$\Delta H_2 = b$ kJ/mol；

$2K$（s）$+N_2$（g）$+3O_2$（g）$\Longrightarrow 2KNO_3$（s），$\Delta H_3 = c$ kJ/mol。

x 为（　　　）

A. $3a+b-c$ 　　　　　　B. $c+3a-b$

C. $a+b-c$ 　　　　　　D. $c+a-b$

解析：本题考查盖斯定律的运用、热化学反应方程式的计算，其中涉及燃烧热的计算。

我们把三个方程式依次进行编号：

$C(s)+O_2(g)\Longrightarrow CO_2(g)$，$\Delta H_1=a$ kJ/mol ①；

$S(s)+2K(s)\Longrightarrow K_2S(s)$，$\Delta H_2=b$ kJ/mol②；

$2K(s)+N_2(g)+3O_2(g)\Longrightarrow 2KNO_3(s)$，$\Delta H_3=c$ kJ/mol③。

欲得到目标反应方程式，据盖斯定律：①×3＋②－③，焓变为 $3a+b-c$。

答案：A。

【典型题3】已知反应热量、物质的量，计算燃烧热（2016·海南）。

油酸甘油酯（相对分子质量为884）在体内代谢时可发生如下反应：

$$C_{57}H_{104}O_6(s)+80O_2(g)\Longrightarrow 57CO_2(g)+52H_2O(l)$$

已知燃烧1kg该化合物可释放热量 3.8×10^4 kJ，则油酸甘油酯的燃烧热为（　　　）

A. 3.8×10^4 kJ/mol

B. -3.8×10^4 kJ/mol

C. 3.4×10^4 kJ/mol

D. -3.4×10^4 kJ/mol

解析：根据燃烧热定义进行计算：燃烧 1mol 油酸甘油酯释放的热量为 $3.8 \times 10^4 kJ \times 884 \div 1000 = 3.4 \times 10^4 kJ$。

答案：D。

考向三　盖斯定律的具体应用

【典型题 1】盖斯定律与溶解热、反应热的综合应用（2014·全国 II 卷）。

室温下，1mol 的 $CuSO_4 \cdot 5H_2O$（s）溶于水，会使溶液温度降低，热效应为 ΔH_1；1mol 的 $CuSO_4$（s）溶于水，会使溶液温度升高，热效应为 ΔH_2；$CuSO_4 \cdot 5H_2O$（s）$\underset{}{\overset{\Delta}{\rightleftharpoons}} CuSO_4$（s）$+ 5H_2O$（l），热效应为 ΔH_3。则下列判断正确的是（　　）

A. $\Delta H_2 > \Delta H_3$

B. $\Delta H_1 < \Delta H_3$

C. $\Delta H_1 + \Delta H_3 = \Delta H_2$

D. $\Delta H_1 + \Delta H_2 = \Delta H_3$

解析：根据题目信息，可以写出以下三个热化学方程式，对其编号：

$CuSO_4 \cdot 5H_2O(s) = CuSO_4(aq) + 5H_2O(l)$，$\Delta H_1$①；

$CuSO_4$（s）$= CuSO_4$（aq），$\Delta H_2$②；

$CuSO_4 \cdot 5H_2O(s) \underset{}{\overset{\Delta}{\rightleftharpoons}} CuSO_4(s) + 5H_2O(l)$，$\Delta H_3$③。

据盖斯定律，①－②＝③，即 $\Delta H_1 - \Delta H_2 = \Delta H_3$。其中，$\Delta H_1 > 0$，$\Delta H_2 < 0$，所以 $CuSO_4 \cdot 5H_2O$（s）

$\xrightarrow{\triangle}CuSO_4$（s）$+5H_2O$（l），$\Delta H_3>0$。

答案：B。

【典型题 2】键能与盖斯定律结合计算反应热（2014·重庆）。

$C(s)+H_2O(g)\xlongequal{}CO(g)+H_2(g)$，$\Delta H=a$ kJ/mol ①；

$2C(s)+O_2(g)\xlongequal{}2CO(g)$，$\Delta H=-220kJ/mol$ ②。

$H-H$、$O=O$ 和 $O-H$ 键的键能分别为 436kJ/mol、496kJ/mol 和 462kJ/mol，则 a 为（　　）

A．-332　　B．-118　　C．$+350$　　D．$+130$

解析：经观察可知：若想利用 $H-H$、$O=O$ 和 $O-H$键的键能计算，需要得到如下热化学方程式：

$$2H_2O（g）\xlongequal{}O_2（g）+2H_2（g）$$

结合盖斯定律，欲得到目标方程式，需要进行以下运算，①×2$-$②，得：$2H_2O（g）\xlongequal{}O_2（g）+2H_2(g)$，$\Delta H=(2a+220)$ kJ/mol。反应热$=$反应物键能$-$产物键能，即 $2a+220=4×462-496-2×436$，解得 $a=+130$。

答案：D。

教学心得五：高考大数据之电解原理

电解是高中化学中一个非常重要的知识点，更是历年各地高考的重要考点之一。从化学学科核心素养角度看，对氧化还原反应的考查越来越多、难度越来越大，而原电池、电解池的电极反应式的书写，恰恰是对氧化还原反应的灵活应用。现实生产生活中，电解原理的应用涉及各个方面，高考题考查的角度越来越新颖，越来越贴近实际生产。为了更好地帮助师生理解电解原理知识点、更好地把握电解原理考查的角度和趋势，笔者分析了近几年全国各地高考题，尤其是全国卷，列出了高考题中对电解原理考查的几个视角，现与各位分享。

视角一　电解原理应用于金属防腐

【典型题1】（2017·全国Ⅰ卷）

作为海港码头基础的钢管桩，常用外加电流的阴极保护法进行防腐，工作原理如图所示。其中高硅铸铁为惰性辅助阳极。下列有关表述不正确的是（　　　）

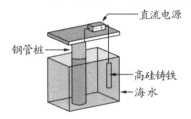

A. 通入保护电流使钢管桩表面腐蚀电流接近零

B. 通电后外电路电子被强制从高硅铸铁流向钢管桩

C. 高硅铸铁的作用是作为损耗阳极材料和传递电流

D. 通入的保护电流应该根据环境条件变化进行调整

解析：这道题是全国卷中考查电化学难度较小的题目，考察角度很明确，就是外加电流的阴极保护法（简称阴极电保护法），正确解答本题的关键是要明确电化学原理，以及阴极电保护法的原理。题目中有两个难点，一个难点是选项的表述与高中教材相比，专业词语较多；另一个难点在题干的信息中，即"高硅铸铁为惰性辅助阳极"，这意味着此阳极性质不活泼，不会被损耗。

钢管桩连接的是外接电源的负极，做电解池的阴极。而外加的电流比较强，可以有效地抑制金属电化学腐蚀产生的电流，使钢管桩受到保护，A 正确；

电解池中，电子通过外电路转移，从电解池的阳极流向阴极，因此在此题中，通电后电子被强制从高硅铸铁流向钢管桩，B 正确；

高硅铸铁为惰性辅助阳极，不能失去电子而被损耗，C 错误；

外界环境条件发生改变，就要通过外加电流的调整来抑制金属电化学腐蚀产生的电流，所以 D 正确。

答案：C。

【典型题 2】（2017·新课标Ⅱ卷）

电解氧化法可以在铝制品表面形成致密、耐腐蚀的氧化膜，电解质溶液一般为 H_2SO_4-$H_2C_2O_4$ 混合溶液。下列叙述错误的是（　　）

A. 待加工铝质工件为阳极

B. 可选用不锈钢网作为阴极

C. 阴极的电极反应式为：$Al^{3+} + 3e^- \textrm{===} Al$

D. 硫酸根离子在电解过程中向阳极移动

解析：本题考查电解原理应用于铝材的处理，"电解氧化法"防腐是工业中常用的金属防腐方法。本题中，通过电解氧化法得到了致密的氧化铝，说明铝做阳极，因此电极方程式应是 $2Al-6e^-+3H_2O = Al_2O_3+6H^+$。

根据题干信息，Al 要形成 Al_2O_3，铝元素化合价由 0 价升高到 +3 价，失电子发生氧化反应，故做阳极，A 正确；

为了增大电解效率，提高企业效益，可用接触面积大的不锈钢网来代替不锈钢柱，B 正确；

阴极应为阳离子得电子，电解液是 H_2SO_4-$H_2C_2O_4$ 混合溶液，据离子放电顺序可知，应是 $2H^++2e^- = H_2\uparrow$，C 错误；

D 选项考察的是电解池工作时离子的移动方向问题，电解时，阴离子移向阳极，D 正确。

答案：C。

视角二　电解原理应用于物质制备

【典型题 1】制备一般化学物质（2017·海南）。

一种化学制备 NH_3 的装置如图所示，图中陶瓷在高温时可以传输 H^+。下列叙述错误的是（　　）

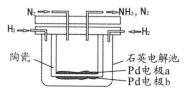

A.Pb 电极 b 为阴极

B. 阴极的反应式为：$N_2 + 6H^+ + 6e^- = 2NH_3$

C. H^+由阳极向阴极迁移

D. 陶瓷可以隔离 N_2 和 H_2

解析：首先根据题目信息，得出制备 NH_3 的总电池方程式：$N_2 + 3H_2 = 2NH_3$。然后根据两电极通入的物质化合价的变化，判断两个电极，通入 N_2 的一极为阴极，通入 H_2 的一极为阳极。再用电解池原理结合电解环境，分析电子转移、离子移动方向等其他信息。

Pd 电极 b 上通入的气体为 H_2，氢元素化合价升高失电子，电极 b 为阳极，A 错误；

Pd 电极 a 上通入的物质为 N_2，为阴极，反应式为 $N_2 + 6H^+ + 6e^- = 2NH_3$，B 正确；

据电解池原理，该装置中阳离子 H^+ 由阳极移向阴极，C 正确；

结合装置图，N_2 和 H_2 分别通入用陶瓷隔离的两个反应室，D 正确。

答案：A。

【典型题 2】制备能源（2015·浙江）。

在固态金属氧化物电解池中，高温共电解 H_2O-CO_2 混合气体制备 H_2 和 CO 是一种新的能源利用方式，基本原理如图所示。下列说法不正确的是（　　）

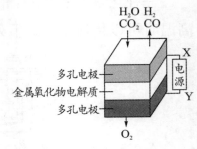

A.X 是电源负极

B. 阴极的反应式是 H_2O+2e^- === H_2+O^{2-}，CO_2+2e^- === $CO+O^{2-}$

C. 总反应可表示为：$H_2O+CO_2 \xrightarrow{\text{电解}} H_2+CO+O_2$

D. 阴、阳两极生成的气体的物质的量之比是 1∶1

解析：本题中有一个比较新颖的电解池装置——固态氧化物电解池，其中，一般是 O^{2-} 传递电荷，氧离子会参与反应。

由装置图可看出，外加电源 X 极的变化为 $H_2O \rightarrow H_2$、$CO_2 \rightarrow CO$，说明该极物质均得电子，为电解池的阴极，说明 X 为电源负极，A 正确；

由 A 项分析可知，阴极电极反应式为：H_2O+2e^- === H_2+O^{2-}、CO_2+2e^- === $CO+O^{2-}$，B 正确；

由图示可知，得失电子的物质为 H_2O、CO_2，阴极产物为 H_2 和 CO，阳极产物为 O_2，整个电解池的总反应可表示为：$H_2O+CO_2 \xrightarrow{\text{电解}} H_2+CO+O_2$，C 正确；

根据总反应方程式，可以得到 H_2+CO、O_2 之间的数量关系如下：

（H_2+CO）（各 1mol）—1mol O_2，所以阴、阳两极生成的气体的物质的量之比为 2∶1，D 不正确。

答案：D。

【典型题 3】制备生活中的燃料（2015·福建）。

某模拟"人工树叶"电化学实验装置如图所示，该

装置能将 H_2O 和 CO_2 转化为 O_2 和燃料（C_3H_8O）。下列说法正确的是（　　）

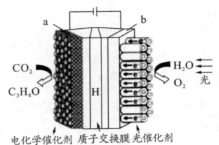

电化学催化剂　质子交换膜　光催化剂

A. 该装置将化学能转化为光能和电能

B. 该装置工作时，H^+ 从 b 极区向 a 极区迁移

C. 每生成 1mol O_2，有 44g CO_2 被还原

D. a 电极的反应为：$3CO_2 + 18H^+ - 18e^- \!=\!=\!= C_3H_8O + 5H_2O$

解析：该题考查的是典型的燃料电池相关知识。从众多类型的燃料电池中，我们可以总结出以下几条规律：

①在利用电解原理制备有机物的装置中，若利用的是太阳能，能量转化的一般形式为：太阳能→电能→化学能。反应的机理是太阳能在特殊催化剂的作用下转化为电能，然后利用所转化的电能电解物质制备新物质。题目中是利用二氧化碳和水制备醇类（乙醇）、醛类（乙醛）、羧酸类（甲酸）、糖类（葡萄糖）等有机化合物。所以，我们可以把它看成有机物燃烧的可逆反应。

②书写有机物参加的电极反应是比较复杂的，因为

对元素化合价的判断比较棘手。化合价的判断是书写电极反应式的关键，有机物中常见元素的化合价的判断如下：H 为＋1 价、O 为－2 价，根据氢和氧求平均化合价。

本题分析如下：

根据图示可知，该装置的能量转化为：电能＋光能→化学能，A 错误。

据电解原理，该装置工作时，阳离子（H^+）向阴极 a 极区迁移，B 正确。

据反应物和生成物可以得出该反应的总方程式是：$6CO_2＋8H_2O \Longrightarrow 2C_3H_8O＋9O_2$。每生成 1mol O_2，则有 2/3mol CO_2 被还原，质量为 2/3×44＝88/3（g），C 错误。

a 电极为阴极，发生还原反应，电极的反应式为：$3CO_2＋18H^+＋18e^- \Longrightarrow C_3H_8O＋5H_2O$，D 错误。

答案：B。

视角三　电解原理应用于多膜电池

近几年，电解原理越来越多地被应用到工业生产中。该类高考题目起点比较高，学生初看题目时容易被"高大上"的情境唬住，但问题的考查落点较低，考查的仍是电解的基本原理。

【典型题】（2016·全国 I 卷）

三室式电渗析法处理含 Na_2SO_4 废水的原理如图所示，采用惰性电极，ab、cd 均为离子交换膜，在直流电场的作用下，两膜中间的 Na^+ 和 SO_4^{2-} 可通过离子交换膜，而两端隔室中的离子被阻挡，不能进入中间隔室。下列叙述正确的是（   ）

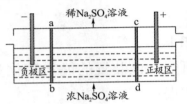

A. 通电后中间隔室的 SO_4^{2-} 离子向正极迁移，正极区溶液 pH 增大

B. 该法在处理含 Na_2SO_4 的废水时可以得到 $NaOH$ 和 H_2SO_4

C. 负极反应为 $2H_2O-4e^- \Longrightarrow O_2+4H^+$

D. 当电路中通过 1mol 电子时，会有 1/2mol 的 O_2 生成

解析：在电化学中，首先要注意一个容易混淆的知识点：

原电池中，因发生氧化反应，负极也可以叫作阳极；因发生还原反应，正极也可以叫作阴极。

电解池中，连接电源负极的称为阴极；但在某些题目中也可以叫作负极区；连接电源正极的称为阳极，在某些题目中也可以叫作正极区。

本题中，SO_4^{2-} 离子应该向阳极区（正极区）移动，阳极区氢氧根放电，溶液 pH 减小，A 错误；

阳极区的电极反应式为：$4OH^--4e^- \Longrightarrow O_2\uparrow+$

$2H_2O$，水电离的氢氧根放电，产生 OH^-，即有氢氧化钠生成，B 正确；

负极区（阴极区）的电极反应式是 $4H^+ + 4e^- =\!=$ $2H_2\uparrow$，溶液中 OH^- 浓度增大，负极区溶液 pH 升高，C 错误；

每生成 1mol 的 O_2，电路中转移 4mol 电子，所以，当电路中通过 1mol 电子的电量时，会有 1/4mol 的 O_2 生成，D 错误。

答案：B。

视角四　原电池和电解池相连接的综合装置

【典型题】（2014·广东）

某同学组装了下图所示的电化学装置，电极 Ⅰ 为 Al，其他电极均为 Cu，则（　　　）

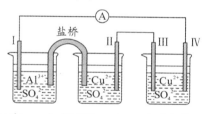

A. 电流方向：电极 Ⅳ→A→电极 Ⅰ

B. 电极 Ⅰ 发生还原反应

C. 电极 Ⅱ 逐渐溶解

D. 电极 Ⅲ 的电极反应：$Cu^{2+} + 2e^- =\!= Cu$

解析：本题是原电池和电解池的组合，此类题的解题思路首先是要判断哪个装置是原电池，哪个装置是电解池。一般可从以下三个方面来进行判断：第一，观察有无外加电源；第二，若无外加电源，具有两个不同电极材料或有盐桥的为原电池，另一个为电解池；第三，从电极本身发生的反应类型来判断。

按题干中的信息：

①电极Ⅰ为 Al，其他均为 Cu，电极材料不同。

②左边两个装置中有盐桥。

由此判断电极Ⅰ是负极、电极Ⅱ是正极，这两个组成原电池；电极Ⅳ是阴极，电极Ⅲ是阳极，两者构成电解池。

电流方向与电子流向相反，电子从电极Ⅰ，沿导线流向电极Ⅳ，所以电流方向为电极Ⅳ→电极Ⅰ，A 正确；

此原电池工作时，电极工作为负极发生氧化反应，B 错误；

电极Ⅱ是原电池正极，电极反应式为 $Cu^{2+} + 2e^-$ ══Cu，其电极质量逐渐增大，C 错误；

电极Ⅲ是电解池阳极，其电极反应式为 $Cu - 2e^-$ ══Cu^{2+}，D 错误。

答案：A。

视角五　多个电解池串联

【典型题】（2016·北京）

用石墨电极完成下列电解实验。下列对实验现象的解释或推测不合理的是（　　　）

	实验一	实验二
装置	铁丝 a　c　d　b 氯化钠溶液润湿的pH试纸	m　n 稀硫酸 钢珠
现象	a、d 处试纸变蓝；b 处变红，局部褪色；c 处无明显变化	两个石墨电极附近有气泡产生；n 处有气泡产生

A. a、d 处：$2H_2O+2e^-\!\!=\!\!=\!\!H_2\uparrow+2OH^-$

B. b 处：$2Cl^--2e^-\!\!=\!\!=\!\!Cl_2\uparrow$

C. c 处发生了反应：$Fe-2e^-\!\!=\!\!=\!\!Fe^{2+}$

D. 根据实验一的原理，实验二中 m 处能析出铜

解析：阳极为活性阳极时，阳极优先失电子。因此，在解答电解池的相关题目时，必须首先注意阳极材料。这正是解答本题的关键。

a、d 处试纸变蓝，说明此处溶液显碱性，因为溶液中水电离出的氢离子得到电子，生成氢气，氢氧根富集造成溶液显碱性，电极反应式为：$2H_2O+2e^-\!\!=\!\!=\!\!$ $H_2\uparrow+2OH^-$，A 正确。

b 处变红，是因为此处溶液显酸性，溶液中的氢氧根放电；局部褪色是因为溶液中生成 HClO，说明氯离子放电，即 b 处应该是氢氧根和氯离子同时放电，B 错误。

a 为阴极，则 c 处为阳极，铁是活性阳极，电极反应式应为：$Fe-2e^-\!\!=\!\!=\!\!Fe^{2+}$，C 正确。

实验一的原理是：a 电极与 c 电极形成电解池，d 电极与 b 电极形成电解池；同理，实验二应为三个电解池串联，m 为电解池阴极，则 m 的对面为电解池的阳极（一个球两面为不同的两极），另一球 n 面向 m 面为阴极（其背面为阳极），电解对 m 来说相当于电镀，即 m 上有铜析出，D 正确。

答案：B。

教学心得六：燃料电池浅析及电极反应式书写之"五步曲"法

当今电池行业飞速发展，小到纽扣电池、大到电动汽车电池，低端的家用小电器电池、高端的航天飞机电池，电池形形色色、随处可见。不断研究制造出小体积、大容量的绿色环保电池是当今电池行业发展的必然趋势。

一线教师都知道，新型电池主要为各种各样的燃料电池，高考题对此类电池的考查角度越来越新颖，考查内容越来越接近工业生产，解题难度也越来越大，尤其是电极反应式的书写。因此，很有必要对如何书写新型电池电极反应式做个总结。现笔者将多年来的教学实践总结如下，希望能够帮到广大学子。

一、何为燃料电池

燃料电池，从名称上看，人们会觉得其原理是燃料在内部燃烧，将热能转化为电能。其实不然，燃料电池并不是真正燃烧，它是一类燃料失电子发生氧化反应，把化学能转变为电能的装置，本质同普通电池毫无区别，都是自发的、放热的氧化还原反应。但工作时，其并不会发出火焰，化学能可以直接转化为电能。燃料电池最大的优点是环保，其废物排放量很低。我们书写燃料电池总反应方程式的依据是：燃料电池发生电化学反应的最终产物与燃料完全燃烧的产物相同。

二、关于燃料电池的几点分析

（一）分类

目前，据电解质不同，燃料电池主要分为两大类：

①电解质是溶液，这类燃料电池包括酸碱性电解液燃料电池、质子交换膜（各种交换膜）燃料电池；

②电解质是非溶液，这类燃料电池包括固体氧化物燃料电池、熔融盐（如碳酸盐）燃料电池、有机液体燃料电池等。

（二）电极材料

最常用的燃料电池的电极材料是多孔石墨，也可以用多孔镍、铂等有催化剂特性的惰性金属。不同于一般原电池，燃料电池的两个电极材料是相同的，两极通入的气体成分不同，从而构成两个活泼性不同的电极。正负极是通过气体成分来确定的，通入可燃气体的一极为负极，该气体在电极上发生氧化反应；通入空气或氧气的一极为正极，气体在该电极上发生还原反应。

附录

157

（三）工作原理

燃料电池的工作原理与普通原电池相同，可燃气体在负极失电子，发生氧化反应，失去的电子经外电路流向正极，电解质中的阳离子通过电解液或熔融电解质移向正极，正极上氧气得电子或氧气与移到该极的阳离子得电子发生还原反应。

三、"五步曲"法书写燃料电池电极反应式

在中学阶段，掌握燃料电池的工作原理和电极反应式的书写是十分重要的。所有的燃料电池的工作原理都是一样的，其电极反应式的书写也同样有规律可循。多年的一线教学中，根据学生的思维特点和电池特点，笔者总结出"五步曲"法，即分五步逐步完成书写，现介绍如下（以甲醇、KOH 溶液、O_2 燃料电池为例）：

第一步：缺项配平，即把两极参与反应的物质（包括反应物、生成物）写完整。

负极：$CH_3OH + OH^- - e^- \longrightarrow CO_3^{2-} + H_2O$，甲醇燃烧的直接产物为 CO_2，但 CO_2 在碱性环境中与 OH^- 发生后续反应变成 CO_3^{2-}。

正极：$O_2 + e^- + H_2O \longrightarrow OH^-$。

因电解液为碱性，所以生成 OH^- 后，不再发生后续反应。

第二步：得失电子配平，主要根据元素化合价的变化标出得失电子数，也可称为化合价升降配平。

负极：$CH_3OH + OH^- - 6e^- \longrightarrow CO_3^{2-} + H_2O$。

碳元素从-2价升高到$+4$价，每个碳原子失6个电子。

正极：$O_2+4e^-+H_2O \longrightarrow OH^-$。

氧元素从零价降低到-2价，两个氧原子得4个电子。

第三步：电荷守恒配平，根据方程式两边电荷守恒，将带电离子的系数配平。

负极：$CH_3OH+8OH^--6e^- \longrightarrow CO_3^{2-}+H_2O$。

电极反应式右边共有2个负电荷，故在左边OH^-的前面配8。

正极：$O_2+4e^-+H_2O \longrightarrow 4OH^-$。

电极反应式左边共有4个负电荷，故在右边OH^-的前面配4。

第四步：质量守恒，根据元素守恒，将反应式两边所有物质系数配平。

负极：$CH_3OH+8OH^--6e^- \longrightarrow CO_3^{2-}+6H_2O$。

根据氢元素守恒或氧元素守恒，左边所有物质系数已经确定，故H_2O前配6。

正极：$O_2+4e^-+2H_2O \longrightarrow 4OH^-$。

根据氢元素或氧元素守恒，H_2O前配2。

第五步：两电极统一配平，根据两电极得失电子统一乘以相应系数，将其配平。

负极：$2CH_3OH+16OH^--12e^- \Longrightarrow 2CO_3^{2-}+12H_2O$。

两电极得失电子的最小公倍数为12，所以负极所有参与反应的物质乘以 2。

正极：$3O_2+12e^-+6H_2O$ ══ $12OH^-$。

正极所有物质乘以 3。

经过上述五步的步步配平，最终两电极反应及总的电池反应方程式如下：

负极：$2CH_3OH+16OH^--12e^-$ ══ $2CO_3^{2-}+12H_2O$；

正极：$3O_2+12e^-+6H_2O$ ══ $12OH^-$；

总电池反应式：$2CH_3OH+3O_2+4OH^-$ ══ $2CO_3^{2-}+6H_2O$。

四、注意事项

（一）要注意燃料的种类

若是氢氧燃料电池，其电池总反应方程式不随电解质的状态和电解质溶液的酸碱性的变化而变化，即 $2H_2+O_2$ ══ $2H_2O$。若燃料是含碳元素的可燃物，其电池总反应方程式就与电解质的状态和电解质溶液的酸碱性有关，一般来说，有机可燃物（如烃类、醇类、糖类燃料电池）在酸性电解质中生成 CO_2 和 H_2O，在碱性电解质中生成 CO_3^{2-} 和 H_2O。

（二）要注意电解质的类型

正极产生的 O^{2-} 离子的存在形式与燃料电池的电解质的状态、电解质溶液的酸碱性有着密切的关系。这是非常重要的一点。现将与电解质有关的几种情况归纳如下：

①酸性电解质溶液（如稀硫酸）。酸性环境中，

O^{2-} 离子不能单独存在，O^{2-} 离子优先结合 H^+ 离子，生成 H_2O。正极反应式为 $O_2 + 4H^+ + 4e^- \!=\!\!=\! 2H_2O$。

②中性或碱性电解质溶液（如氯化钠溶液或氢氧化钠溶液）。中性或碱性环境中，O^{2-} 离子也不能单独存在，O^{2-} 离子结合 H_2O 生成 OH^- 离子，正极反应式为 $O_2 + 2H_2O + 4e^- \!=\!\!=\! 4OH^-$。

③熔融的碳酸盐（如 $LiCO_3$ 和 Na_2CO_3 熔融盐混合物）。此环境中 O^{2-} 离子也不能单独存在，O^{2-} 离子可结合 CO_2 生成 CO_3^{2-} 离子，其正极反应式为 $O_2 + 2CO_2 + 4e^- \!=\!\!=\! 2CO_3^{2-}$。

④固体电解质（如固体氧化锆-氧化钇）。固体电解质在高温下可允许 O^{2-} 离子在电解质中通过，故其正极反应式应为 $O_2 + 4e^- \!=\!\!=\! 2O^{2-}$。

五、燃料电池电极反应式的书写应用举例

【典型题1】熔融碳酸盐电池。

某燃料电池以熔融的 K_2CO_3（其中不含 O^{2-} 和 HCO_3^-）为电解质，以丁烷为燃料，以空气为氧化剂，以具有催化作用和导电性能的稀土金属材料为电极。试回答下列问题：

写出该燃料电池的化学反应方程式：＿＿＿＿＿＿

＿＿＿＿＿＿＿＿＿＿＿＿＿＿＿＿＿＿＿＿＿＿。

写出该燃料电池的电极反应式：＿＿＿＿＿＿

＿＿＿＿＿＿＿＿＿＿＿＿＿＿＿＿＿＿＿＿＿＿。

为了使该燃料电池长时间稳定运行，维持电池电解

附
录

质的组成稳定，必须在通入的空气中加入＿＿＿＿＿＿＿＿
＿＿＿＿＿，此物质可以来自＿＿＿＿＿极。

解析：因为电解质为熔融的 K_2CO_3，所以生成的 CO_2 不会与 CO_3^{2-} 反应生成 HCO_3^-，故该燃料电池的总反应式为：$2C_4H_{10}+13O_2 == 8CO_2+10H_2O$。其正极电极反应式为 $O_2+2CO_2+4e^- == 2CO_3^{2-}$，负极电极反应式为 $2C_4H_{10}+26CO_3^{2-}-52e^- == 34CO_2+10H_2O$。由反应式可以看出，要维持电池的电解质组成稳定，需要在通入的空气中加入 CO_2。

答案：$2C_4H_{10}+13O_2 == 8CO_2+10H_2O$；

正极：$O_2+2CO_2+4e^- == 2CO_3^{2-}$，负极：$2C_4H_{10}+26CO_3^{2-}-52e^- == 34CO_2+10H_2O$；

CO_2；负。

【典型题 2】熔融氧化物电池。

一种新型燃料电池，一极通入空气，另一极通入丁烷气体，电解质是掺杂氧化钇（Y_2O_3）和氧化锆（ZrO_2）的晶体，在熔融状态下能传导 O^{2-}。下列对该燃料电池说法不正确的是（　　）

A. 电池的总反应式：$2C_4H_{10}+13O_2 == 8CO_2+10H_2O$

B. 在熔融电解质中，O^{2-} 由正极移向负极

C. 通入空气的一极是正极，电极反应式为：$O_2+4e^- == 2O^{2-}$

D. 通入丁烷的一极是正极，电极反应式为：$C_4H_{10}+26e^-+13O_2 == 4CO_2+5H_2O$

解析：该电池总反应式为 $2C_4H_{10}+13O_2 \stackrel{}{=\!=\!=} 8CO_2$ $+10H_2O$，A 正确；

原电池中，阴离子移向负极，B 正确；

熔融氧化物电解质中，允许 O^{2-} 自由通过，其正极反应式为 $O_2+4e^- \stackrel{}{=\!=\!=} 2O^{2-}$，C 正确；

通入丁烷的一极应为负极，D 错误。

答案：D。

【典型题 3】微生物燃料电池。

微生物电池是指在微生物的作用下将化学能转化为电能的装置，其工作原理如图所示。下列有关微生物电池的说法错误的是 （　　）

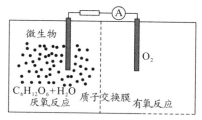

A. 正极反应中有 CO_2 生成

B. 微生物促进了反应中电子的转移

C. 质子通过交换膜从负极区移向正极区

D. 电池总反应为 $C_6H_{12}O_6+6O_2 \stackrel{}{=\!=\!=} 6CO_2+6H_2O$

解析：题目中存在质子交换膜，有氧反应区是正极反应区，即 $O_2+4H^++4e^- \stackrel{}{=\!=\!=} 2H_2O$，A 错误；

此装置为原电池的装置，在微生物的作用下，加速反应的进行，B 正确；

原电池中，阳离子向正极移动，即质子（H^+）从无氧区向有氧区移动，C正确；

此反应是葡萄糖的氧化反应，D正确。

答案：A。

教学心得七：培养爱问、会问的学生

这天，一位年轻的老师来到我的课堂听课，课后，她急切地问我："孙老师，我看到你的课堂上学生不断地提出这样那样的问题，有些问题我都想不到，而且问题的深度、广度都很到位，你是如何培养他们的啊？我的学生压根就不会问问题，问出来的也是些基础的、课本上的东西，你得把诀窍教给我。"

其实，不仅年轻教师存在这样的疑惑，很多从教多年的教师也有，如何培养爱问、会问的学生，其中还真是有不少的学问，下面笔者就把自己多年来摸索出来的、比较实用的方法分享给大家。

一、明确学科特点，激发学习化学的欲望

化学是研究物质的组成、结构、性质、变化、制备及应用的科学。它是人们在不断发现问题、研究问题、解决问题的过程中建立起来的。而这些问题的解决都离不开化学实验，通过实验，我们能更加深入地接触到化学的本质，发现化学的奥秘。现在，化学研究已深入众多领域，关乎人们的衣食住行，推动着科技向前发展。因此，高中化学有两项重大任务：一是传播基础的化学

知识，二是发掘、培养化学科研的后备人才。高中化学的主要内容是基础化学理论、基础元素化学、化学反应原理、有机化学基础。其特点是知识点非常分散，内容又很抽象，加上条件限制，很多高中的实验课开展得不完整。因而很多在初中对化学怀有浓厚学习兴趣的学生，进入高中学习后渐渐失去了对化学的兴趣。作为高中化学教师的我们，必须明确化学学科的特点，展现化学独有的魅力，培养学生对化学的浓厚兴趣，这样才能让学生乐在其中。教师引导、培养学生发现问题、解决问题的能力，从而促进教师的教学水平，提高学生的学习水平，所谓的教学相长就是这样的道理。

二、巧用心理学，激发学生求知欲

从教人员几乎都学习过心理学。从心理学角度来讲，激发是使个体在某种内部和外部刺激的影响下，始终维持兴奋状态的心理过程。

因此，在课堂上，激发学生求知欲自然会使学生集中注意力，提高他们的学习兴趣。长此以往，我们既可以让学生成为课堂的主人，又可以通过他们的不断提问、我们的不断解惑、学生的反馈评价来调控我们的教学。我们当然也要做课堂的主导者，引导学生的思考方向，挖掘学生思维的广度和深度，提高思维层次。

作为中学化学教师，我们不仅仅要做激发、维持学生好奇心的推动者，还要做使他们善于发现问题、不断提出问题的引导者，更要做善于解决问题的解惑者。

三、让质疑形成习惯

好习惯的养成，不是一日之功，需要一定时间。在平时教学中，我们应该做到以下几点。

（一）在教学最佳处设疑

课堂中的问题不求多而求精巧。在最佳的时机提出最妙的问题是我们所倡导的方式。只要教师坚持以这样的方式设置问题，学生自然也会成为一个能在最佳的时机发现问题、提出问题的高手。什么时候是教学中设置问题的最佳时机呢？笔者总结出以下几个时机。

（1）思维受困时。

学生的思维受困于一个"小天地"无法"突围"时，学生百思不得其解而将要放弃时，学生厌倦困顿时……都是我们提出问题的最佳时机。

例如：在学习化学反应原理中的等效平衡时，当学生对"等效"的理解总是停留在平衡体系中各组分物质的量相等时，从教人员可以设计这样一个问题：

在一定温度下，向一定容积的容器中通入 1mol H_2，发生反应：$N_2(g) + 3H_2(g) == 2NH_3(g)$，一段时间后达到平衡，$NH_3$ 的体积分数为 $a\%$。

①若 N_2、H_2、NH_3 按照以下配比，达到平衡时，NH_3 体积分数仍然为 $a\%$ 的是（　　）

A. 0mol；0mol；2mol

B. 2mol；6mol；2mol

C. 1/2mol；3/2mol；1mol

D. 1/5mol；3/5mol；8/5mol

②若改为恒温恒压，上述选项符合的是（　　　）

通过对上述例题的计算、解答，师生共同得出结论：等效平衡的实质是"平衡后体系中各组分的百分含量相等，而物质的量、压强、密度等其他量未必相等"。

得出等效平衡实质后，教师再引导学生展开质疑讨论，然后，教师提出另外一种反应类型——前后气体体积不变的反应，如"$H_2 + I_2 \Longrightarrow 2HI$"，从而又引发一番讨论。

这样，一步步把学生从一个小小的圈子里引导到一个广阔的空间，让他们用更高、更远、更广的眼光看待问题、提出问题、解决问题。

（2）激辩未果时。

在某些问题上，学生各有自己的观点和理由，他们据理力争时，也是我们提出问题的好时机。这时候教师的明智做法就是：让每方各派一名代表，分别展示自己代表性的问题，然后一同辩论，最终都得到完美的答案。这样的课堂，学生不提问题都会憋得难受。而且问题一旦提出，质量就会非常高，学生和教师都会有意想不到的收获。

（3）知识迁移不顺时。

很多时候，学生不能将原有的知识熟练和顺畅地迁移到刚学习的新知识上，这个时候也是提出问题的好时机。

附录

例如：在学习氢氧化铝的两性知识时，很多年轻教师往往是先给出学生结论，有些教师干脆让学生直接记结果，导致学生对知识印象不深，原有的知识一点也用不上，和新知识完全脱钩。笔者的做法是：先演示（也可以让学生分组实验）：Al（OH）$_3$ 分别和 HCl、NaOH 反应，然后提出 2 个问题：Al（OH）$_3$ 为什么既能和盐酸反应又能和氢氧化钠反应呢？按照反应特点，氢氧化铝究竟是酸还是碱呢？接下来可以让学生自己阅读教材去解决问题。这样，学生的兴趣能得到激发，结论由学生去发现，而不是教师塞给他们。

（二）在教学重难点处设疑

一节课最大的亮点无疑是教师对本节内容重点、难点的把握及传授重难点的方法。有经验的教师在备课时会着重对重点、难点教学的方法进行选择，事半功倍的做法就是在重点、难点的教学上恰当地设疑、解疑。

例如，"摩尔"一节无疑是每个高中化学教师都头疼的章节，最重点的一环是如何让学生尽快地接受"物质的量"这一概念，好的做法是：首先，教师列举日常生活中我们常见的衡量，物质的重量用"质量"表示，火柴论"包"进行买卖，小米论"斤"进行交易，然后提出如下问题让学生思考：分子、原子很小，实验室中如何定量地进行化学反应？物质的量和物质的质量的区别和联系是什么？物质的量和气体的体积的区别和联系是什么？这样循序渐进地对学生提出问题、耐心讲解问题，可以加深学生对物质的量这一概念的印象。对教材中重点、难点问题的释疑，教师可以尝试从多种角度、用多种方式对学生进行启发，如温故而知新式的启发、同类式的对比启发、阅读思考式的启发、直观形象式的启发。需要注意的是，在启发学生提问的同时，一定要注意挖掘问题与教材的内在逻辑关系，逐层螺旋阶梯式的提问引导无疑是比较符合教材安排的初衷的。多年来的实践教学经验告诉我们，诱思探究式的教学方法可以高效地帮助教师激活学生思维，发展学生智力。

四、教学中鼓励学生主动提问

教学过程中，在适当的时机设疑可以使学生尽快地接受新的知识，而教学中鼓励学生主动提问则会让学生更好地发现问题的实质，从而掌握新知识的精髓，这便是"授人以鱼，不如授之以渔"。教学活动中，教师要充分肯定学生提出的问题，并耐心予以解答，运用不同方式肯定并鼓励学生提问，努力培养学生的自信心，从而大大提高教学活动的效果。

要想在教学中强化学生的提问意识，教师必须在日常的教学中教给学生发现问题的方法，在新课讲授时，鼓励学生敢于追问；在知识的上下联系比较中，鼓励学生敢于联想；在总结知识时，鼓励学生不断追问。例如：在讲授硝酸的实验室制法时，教师可以引导学生结合硝酸和浓硫酸的性质，设计这样两个问题：能否用 $NaNO_3$ 和浓硫酸共热的方法制备硝酸？若能，这体现了浓硫酸的什么性质？

在教学中对于不同视角的问题，教师应引导学生善于用不同的方式解决，可以采用的方法主要有因果法、反问法、推广法、比较法、极端法、转化法、推理验证法等。

五、"逼着"学生发问

好胜心是每个学生探究新事物的一大动力，我们完全可以抓住学生的这个心理进行引导提问，特别是对以下两种类型的学生：知识的深度和宽度还不够，很难提出有价值问题的学生；碍于面子不敢发问，但内心有极强求胜欲望的学生。教师在课堂上对经常提问的学生应及时给予表扬或奖励。例如口头赞扬问题提得巧妙、提得深刻，或是赠书给某个爱提问的学生，这样长期坚持，必定会激活学生的思维，课堂上就会有更多的学生提出非常有价值的问题，从而提高教学效率。

为了达到"逼"学生提问的目的，教师需要注意以下几个方面：①留足提问空间：教学中不要把一切问题都讲出来；②留足思考时间：发现和提出精彩的问题要有个过程，要给学生留充分的思考时间；③留足表达时间：一个好的问题需要一定时间来表达，欲速则不达；④内容大于形式：提问不能走形式，要因势利导，不能只为设置提问环节而提问，要使提问的内容有内涵、有意义、有价值。

一线教师在培养学生的提问能力时，不但要遵循行动学规律，更要遵循心理学规律，要注重挖掘学生的潜力，激发他们的内心渴望，让学生愿意提出问题、愿意帮老师解决问题。只有这样，才能培养出一批又一批爱问问题、好问问题、能问出好问题的学生。

教学心得八：浅谈金属腐蚀与防护

日常生活中我们常见到这样的现象：工地露天放置的钢材表面出现红棕色的锈斑、自行车链条淋雨后生锈、铁锅炒菜后锅底变红、汽车表面喷漆、轮船船体镶嵌锌块、铝材表面钝化处理。

以上这些现象和我们学习的金属的腐蚀与防护有关，下面笔者就浅谈一下金属的腐蚀与防护。

一、金属腐蚀的分类

（一）化学腐蚀

化学腐蚀指金属与周围物质（非电解质）直接发生化学反应而遭到破坏。比如：铜在高温下被空气中的氧气氧化而变黑。

（二）电化学腐蚀

电化学腐蚀指金属表面与周围物质（电解质）因发生电化学反应而遭到破坏。往往周围环境中有水存在就会有电化学腐蚀。所以，电化学腐蚀是最常见、最普遍的腐蚀。金属在各种电解质环境（如大气、海水和土壤等介质）中发生的腐蚀都属于电化学腐蚀。

根据电化学腐蚀发生时电解质环境的酸碱性，电化学腐蚀又分为析氢腐蚀和吸氧腐蚀，其中吸氧腐蚀最为普遍。

①析氢腐蚀：在酸性较强的溶液中，金属发生电化学腐蚀时放出氢气，这种腐蚀叫作析氢腐蚀。

析氢腐蚀的原理：在钢铁制品中一般都含有碳，碳可与铁构成两个活泼性不同的电极。在潮湿空气中，钢铁表面会吸附水汽，形成一层薄薄的水膜。水膜中溶有二氧化碳后就变成一种电解质溶液，使水里的氢离子增多。这就构成无数个以铁为负极、碳为正极、酸性水膜为电解质溶液的微小原电池。

电极反应式：

正极：$2H^+ + 2e^- \!=\!\!=\!\! H_2$

负极：$Fe - 2e^- \!=\!\!=\!\! Fe^{2+}$

②吸氧腐蚀：是指金属在酸性很弱或中性溶液里，由于空气里的氧气溶解于金属表面水膜中而发生的电化学腐蚀。

原理：铁为负极，与溶解在水膜中的氧气自发地发生氧化还原反应。

电极反应式：

正极：$O_2 + 4e^- + 2H_2O \!=\!\!=\!\! 4OH^-$

负极：$Fe - 2e^- \!=\!\!=\!\! Fe^{2+}$。

析氢腐蚀和吸氧腐蚀的后续反应是一样的，$Fe^{2+} + 2OH^- \!=\!\!=\!\! Fe(OH)_2$，$4Fe(OH)_2 + O_2 + 2H_2O \!=\!\!=\!\!$

$4Fe(OH)_3$，再失去水就得到铁锈。

二、金属腐蚀的危害

金属腐蚀对人类社会造成的危害超乎想象，直接造成的损失数据就非常惊人，2003 年出版的《中国腐蚀调查报告》中分析，中国石油工业的金属腐蚀损失每年约为 100 亿人民币，汽车工业的金属腐蚀损失约为 300 亿人民币，化学工业的金属腐蚀损失也约为 300 亿人民币。这些数字都属于直接损失，间接损失很多是无法估量的。

三、金属防护的方法

（一）改善金属的内部结构

这种方法的原理是在金属中添加不同的、抗腐蚀性较强的合金材料，另外也可以根据不同的用途选择不同的材料，组成耐蚀合金。这种方法可以大大提高金属的抗腐蚀能力。其实早在两千多年前，我国就开始使用这种方法了，最典型的当属青铜器。现在应用较多的是在钢中加入镍、铬等，制成不锈钢，以增强防腐蚀能力。

（二）在金属表面形成保护层

金属的腐蚀通常发生在金属表面，因此给金属表面加上一层保护层，将金属与外界腐蚀性介质隔开，是防止金属腐蚀的有效方法。高中阶段我们学习到的保护层主要有两类：非金属保护层和金属保护层。下面举例介绍。

①非金属保护层：这种保护层是利用非金属物质，

附录

主要是用耐腐蚀的油漆、塑料、搪瓷、橡胶、沥青等矿物性油脂覆在金属表面上形成保护层，我们把这类保护层称为非金属涂层，其可以达到防腐蚀的目的。我国古代就有应用油漆涂抹船身、车厢、水桶等的记载，现代广泛应用的汽车外壳喷漆、金属表面的塑料（如聚乙烯、聚氯乙烯、聚氨酯等），都是很好的非金属保护层。

②金属保护层：这种保护层是一类通过电镀而覆盖于被保护金属表面的耐腐蚀性较强的金属或合金。金属镀层的形成，除上面所说的电镀之外，还有很多方法，比如化学镀、热浸镀、热喷镀、渗镀、真空镀等。

（三）氧化膜保护层

氧化膜保护层一般是将钢铁制品加到 NaOH 和 NaNO₂ 的混合溶液中进行加热处理，使金属表面形成一层厚度为 $0.5\sim1.5\mu m$ 的蓝色氧化膜（其主要成分为 Fe_3O_4），以达到防钢铁腐蚀的目的。此过程就是"发蓝"。这种氧化膜具有较大的弹性和润滑性，不影响零件的精度，故精密仪器和光学仪器的部件，如弹簧钢、薄钢片、细钢丝等常用"发蓝"处理。

（四）电化学保护

电化学保护也是金属防腐蚀的重要方法之一，其原理是利用外部电流使被腐蚀金属电位发生变化，从而抑制金属腐蚀。电化学保护是一种非常有效的防护措施，这种方法被广泛地应用于船舶、海洋工程、石油、化工等领域，是高中阶段要重点学习、理解、熟练运用的方法之一，同时也是高考的高频考点之一。电化学保护在高中阶段主要涉及以下三种：

①牺牲阳极的阴极保护法：将还原性较强的金属作为保护极，与被保护的金属连接，构成原电池，还原性较强的金属作为负极，发生氧化反应而损耗，于是作为正极的被保护金属就可以避免被腐蚀。这种方法牺牲了阳极（原电池负极）、保护了阴极（原电池正极），因此叫作牺牲阳极的阴极保护法。目前研制成功，并被广泛用于钢铁设施领域的牺牲阳极材料有 3 大类：镁阳极、锌阳极和铝阳极。

②外加电流的阴极电保护法：这种方法的机理是将被保护金属与外加直流电源的负极相连，使其成为阴极，而将外加直流电源的正极连接到一些废铁上，使废铁成为阳极，这个方法简称阴极电保护法。此法主要用于防止土壤、海水及河水中金属设备的腐蚀。最常应用于化工厂盛装酸溶液的容器或管道的防护。

③电解氧化法：这种方法容易被教师忽略，此方法不同于上面两种，其原理是铝、铁经过浓硝酸、浓硫酸等强氧化剂处理后钝化。将被保护金属与外加电源的正极相连，作为电解池的阳极，维持电压在该金属发生钝化的范围内，便可使该金属表面生成致密的氧化膜，从而起到保护的作用。

【典型题】牺牲阳极的阴极保护法（2018·潍坊）。下图为牺牲阳极的阴极保护法的实验装置，此装置

Zn 电极上的电极反应为＿＿＿＿＿＿＿＿＿＿＿

＿＿＿＿＿＿＿；如果将 Zn 换成 Pt，一段时间后，在铁电

极区滴入 2 滴黄色 $K_3[Fe(CN)_6]$（铁氰化钾）溶液，

烧杯中的现象是＿＿＿＿＿＿＿＿＿＿＿＿＿＿＿，

发生反应的离子方程式是＿＿＿＿＿＿＿＿＿＿＿

＿＿＿＿＿＿＿＿＿＿＿＿＿＿＿。

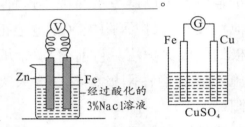

答案：$Zn - 2e^- \Longrightarrow Zn^{2+}$；产生蓝色沉淀；

$3Fe^{2+} + 2[Fe(CN)_6]^{3-} \Longrightarrow Fe_3[Fe(CN)_6]_2 \downarrow$

为了防止金属腐蚀，人们发明了多种防止金属腐蚀
的方法，如添加缓蚀剂等。然而，迄今为止没有一种一
劳永逸的方法。金属防腐是一个重大课题，研制耐腐蚀
的新型材料取代现有的钢铁等常用材料，是极具前景
的、解决金属腐蚀问题的重要方向。

教学心得九：用化学思想解决化学平衡问题

近几年，身处教学一线的高中教师都有一个认识：
高考越来越重视对学科核心素养的考查。不同学科的核
心素养的具体内容不同，但其真正核心又是相同的。化
学核心素养的具体内容包含了五个维度：宏观辨识与微

观探析、变化观念与平衡思想、证据推理与模型认知、科学探究与创新意识、科学精神与创新意识。

这就要求教师在平时的教学中注重培养学生的学科素养。笔者对培养学科素养的理解是这样的，学科素养的培养其实就是对一个学科完整三要素和品德的培养。一个学科完整的三要素是：学科知识、学科能力、学科思想，其中，学科思想又是三要素中的核心。

笔者把化学平衡中的相关学科思想的应用总结如下。

一、等效平衡思想（化学平衡中最重要的思想）

（一）概念与含义

化学平衡状态的建立与化学反应途径无关，也就是说在相同的条件下（同温同压或同温同容），可逆反应无论从正向、逆向或双向开始，达到的化学平衡状态是相同的，即平衡时混合物中各组成物质的百分含量（一般包括物质的量分数、体积分数、质量百分数等）保持不变，这就是等效平衡。

（二）等效平衡思想的应用

实际学习中，等效平衡思想是一种非常重要的思维方式和解题方法。我们利用等效平衡思想不仅可以解决不同条件、不同投料量（反应起始方向和参加反应物质的量）时，反应达到平衡状态时相关量的判断、计算问题，还可以通过让学生熟练地运用等效平衡思想，提高学生触类旁通、对比分析的思维能力。这种思想的核心是：利用相同平衡（与某一平衡状态等效的过渡平衡状态）进行有关问题的分析、判断；利用相似平衡（与某一平衡状态在某些量上部分相同）的相似原理进行有关量的计算。

二、等效转化思想

等效转化类似于化学中有机物同分异构体中常用的"等量代换""等效氢"这样的思想，是一种数学思维方式。在解决化学平衡问题时，巧妙地运用等效转化可以将复杂的问题简单化。其核心和"等效平衡"的判断是分不开的。

我们在判断不同状况的两个或多个反应是否等效时，思路是："可逆反应无论从正向、逆向或双向开始，只要参与反应的各物质的投料量（起始投入的物质的量）相当，则两平衡等效。"这里所说的"相当"就是等效转化的思想。具体分析如下：

①若反应外界条件为恒温恒容，"相当"的含义是：将反应物或者产物极值转化后（俗称"一边倒"），若投料量相等，则两平衡等效，即"极值等量"。

②若反应外界条件为恒温恒压，"相当"的含义是：将反应物或者产物极值转化后，若投料量比值相等，则两平衡等效，即"极值等比"。

需要注意的是：恒温恒容条件下，若反应前后气体的体积不变，比如：$H_2(g) + I_2(g) \rightleftharpoons 2HI(g)$，判断原则应是思路②，即按照恒温恒压的思路去进行判断。

【典型题】（多选）向某密闭容器中充入 1mol CO 和 2mol H_2O（g），发生反应：$CO + H_2O$（g）$==CO_2 + H_2$，当反应达到平衡时，CO 的体积分数为 a，若维持容器的体积和温度不变，起始物质按下列四种配比充入该容器中，达到平衡时 CO 的体积分数仍为 a 的是（　）

A. 0.5mol CO + 1mol H_2O（g）

B. 1mol CO + 1mol CO_2 + 1mol H_2

C. 1mol CO_2 + 1mol H_2

D. 2mol CO + 4mol H_2O（g）

解析：此题要求不同投料量的情况下，平衡时 CO 的体积分数仍为 a，是一道典型等效平衡题，当然应该选择"等效转化"思想来解决。我们首先要看反应的外界条件和反应特点：恒温恒容，但反应前后体积不变，应按照恒温恒压的思路分析，极值等比就符合此题要求。

若极值转化后 n（CO）：n（H_2O）=1：2，即符合此题要求；若极值转化后 n（CO）：n（H_2O）>1：2，达到平衡时 CO 的体积分数大于 a；若极值转化后 n（CO）：n（H_2O）<1：2，达到平衡时 CO 的体积分数小于 a。

据极值转化得到：

n（CO）：n（H_2O）=1：2，A 符合；

n（CO）：n（H_2O）＝2：1，B不符合；

n（CO）：n（H_2O）＝1：1，C不符合；

n（CO）：n（H_2O）＝1：2，D符合。

答案：A、D。

三、大于零（反应不彻底）原则

可逆反应的典型特征是正逆反应在同一条件下同时进行，即达到化学平衡后，反应体系中所有物质是共存的，任何物质都不能彻底反应，任何物质的物质的量均大于零。

此原则是不可违背的，深度理解此原则既可以帮助学生认识可逆反应的本质，又可以帮助我们解决一类要求确定某些量的数值范围的问题。大于零原则是教师在平时教学中必须牢牢把握的化学思想之一。特别需要说明的是，上面的"极值转化"和此思想并不矛盾，其是此思想的延伸。

运用此原则需要解决的题目一般有以下两类，现分别举例如下。

【典型题1】求某些量的数值范围。

在密闭容器中进行如下反应：A_2（g）＋B_2（g）——2C（g），已知 A_2、B_2、C 的起始浓度分别为 0.2mol/L、0.6mol/L、0.4mol/L，在一定条件下，当反应达到平衡时，各物质的浓度有可能是（　　）

A.C 为 1.5mol/L

B.B_2 为 0.3mol/L

C. A_2 为 0.35mol/L

D. C 为 0.5mol/L

解析：解答此题就需要"极值转化＋大于零"两种思想的综合运用。

假设反应物和产物均能完全向另一方转化，会得到每种物质的最大值和最小值，又结合大于零的原则，可求出每种物质的取值范围如下：

A_2：$0<A_2<0.4mol/L$；

B_2：$0.4mol/L<B_2<0.8mol/L$；

C：$0<C<0.8mol/L$。

应特别注意反应方程式中的物质系数和起始投料比值不相等的问题，即假设 A_2 完全转化时，B_2 最小值为 0.4mol/L。

答案：C 和 D。

【典型题2】求给定范围下的操作。

一定温度下，某密闭容器里发生如下反应：$CO(g)+H_2O(g) \rightleftharpoons CO_2(g)+H_2(g)$（正反应为吸热反应），反应达到平衡时，容器中的四种物质的物质的量均为 x mol，保持其他条件不变，采取下列（　　）措施，可使 CO_2 的物质的量浓度增大 1 倍。

①降低温度；②再通入 x mol CO_2 和 x mol H_2；③增大压强；④升高温度；⑤再通入 $2x$ mol CO 和 $2x$ molH_2O (g)；⑥减小压强。

A. ①②⑤　　　B. ②④⑥　　　C. ③⑤　　　D. ①②③

解析：题目中的反应正向为吸热反应，降低温度，化学平衡向逆向反应方向移动，CO_2 的物质的量会减少，①错误；升高温度，平衡正向移动，CO_2 的物质的量虽然会增加，但 CO 的物质的量不会减小为零，CO_2 的物质的量不会增大 1 倍，④错误；增大压强，即缩小容器体积，可以将容器体积缩小至原来的 1/2，平衡并不移动，则 CO_2 的物质的量浓度立即增加到原来的 2 倍，③正确，⑥错误；再通入 x mol CO_2 和 x mol H_2，则平衡向左移动，只有部分 CO_2 会参加反应，并不能增加 x mol，②错误；再通入 $2x$ mol CO 和 $2x$ mol H_2O (g)，可能会有一半 CO 参与反应，可使 CO_2 增加到 $2x$ mol，⑤正确。

答案：C。

四、等倍增减技巧

顾名思义，等倍增减技巧思想的含义是：将有关物质的起始投入量成相同倍数增加或减少，然后分析这些物质有关量的变化情况。这种技巧在平衡题目中相当实用，也可以认为是等效平衡的延伸与变式。

【典型题】完全相同的两个恒容容器 A 和 B，进行着如下反应：$2SO_2$（g）$+ O_2$（g）$\rightleftharpoons 2SO_3$（g）。现在两容器中分别装入 SO_2 和 O_2，A 容器中 SO_2 和 O_2 各 1mol；B 容器中 SO_2 和 O_2 各 2mol。相同温度下达到平衡，设 A、B 两容器中 SO_2 的转化率分别为 $a\%$、$b\%$，则 a、b 关系是（　　）

A. $a>b$ B. $a=b$

C. $a<b$ D.无法确定

解析：B 容器和 A 容器相比，可以从两个角度分析：①可以认为反应物物质的量增加 2 倍；②可以认为 B 容器容积缩小一半。两个角度分析的结果都是 B 容器相对 A 容器来说，平衡相对右移，SO_2 的转化率增大，所以 $a<b$。

答案：C。

从以上化学思想来看，它们既有不同，又有关联，实质都是围绕着化学平衡中的等效平衡展开的，所以，在平时教学中要将等效平衡思想深深渗入学生脑子里。

教学心得十：化学平衡妙解四法

化学平衡在化学反应原理中的地位很高，它可以考查学生对变通、极限转化、平衡思想、作图、识图、主要矛盾与次要矛盾等各种思想的运用。很多同学在遇到化学平衡问题时经常会束手无策。笔者根据自己多年的经验，总结了解决化学平衡问题比较好用的四种方法，下面介绍给大家，希望对大家有所帮助。

一、三行式法

三行式法也称三段式法。顾名思义，就是要列三行式子来解决平衡问题，几乎所有的化学速率和平衡题目都会用到三行式法。笔者认为三行式法为"万能式法"，因为不管题目有多复杂、有几个未知量，只要扎扎实实地把"三行式"运用好，基本都能解决。这种方法是教师和学生必须牢牢掌握的，教材例题中也给出了较为详细的解答步骤，平时运用中可以进行简化，举例如下。

【例】一定温度下，某容器中进行着反应：$2SO_2$（g）$+ O_2$（g）$\rightleftharpoons 2SO_3$（g），达到平衡时，测得 $n(SO_2):n(O_2):n(SO_3)=2:4:5$。压缩容器体积，反应重新达到平衡时，$n(O_2)=0.75mol$，$n(SO_3)=0.9mol$，此时 SO_2 的物质的量应是（　　）

A. $0.4mol$　　　　B. $0.1mol$

C. $0.2mol$　　　　D. $0.3mol$

解析：用三行式表示时，首先要设定三个量：起始量、转化量、平衡量，然后根据反应方程式，依次用三行文字表达出来，三种量在表达时简称"始、转、平"，本题形式如下：

$$2SO_2\text{（g）}+O_2\text{（g）}\rightleftharpoons 2SO_3\text{（g）}$$

	$2SO_2$	O_2	$2SO_3$
始（mol）	$2x$	$4x$	$5x$
转（mol）	$2a$	a	$2a$
平（mol）	b	0.75	0.9

据题意可得：①$2x-2a=b$；②$4x-a=0.75$；③$5x-2a=0.9$。解方程②③可得，$x=0.2$，$a=0.05$。然后解方程①可得 $b=0.3$。

答案：D。

二、守恒法

守恒法是利用反应本身的特点，比如说反应前后的质量守恒、原子守恒，有些是反应前后物质的量（或气体体积）守恒，所以，这里总结三个方面的守恒，供大家参考。

（一）质量守恒法

质量守恒法的本质是利用反应前后物质的质量不变的原则，进行相关量的运算。

【例】x mol N_2 和 y mol H_2 在一定条件下发生反应，达到化学平衡时，测得生成的 NH_3 为 a mol，平衡体系中氨气的质量分数为（　　　）

A. $[17a/(28x+2y-17a)] \times 100\%$

B. $[17a/(28x+2y)] \times 100\%$

C. $[a/(x+y-a)] \times 100\%$

D. $[34a/(28x+2y)] \times 100\%$

解析：反应前后气体质量是守恒的，平衡体系中每种组分的质量分数均为各自质量占气体总质量的百分数。不管反应得彻不彻底，平衡体系气体总质量与反应前 N_2 和 H_2 总质量是一样的，故平衡体系中氨气的质量分数为 $[17a/(28x+2y)] \times 100\%$。

答案：B。

（二）原子守恒法

原子守恒法的本质是利用反应前后某元素原子个数不变的原则，进行相关计算。

【例】加热时，N_2O_5 依次发生的分解反应为：①N_2O_5（g）$\rightleftharpoons$ N_2O_3（g）＋O_2（g）；②N_2O_5（g）$\rightleftharpoons$ N_2O（g）＋$2O_2$（g）。现将 8mol N_2O_5 充入容积为 2L 的密闭容器，一定条件下达到平衡状态后，测得 O_2 的物质的量为 9mol，N_2O_3 为 3.24mol，则 N_2O 的物质的量浓度为_____。

解析：据题意，起始时，N_2O_5 的物质的量为 8mol，平衡时各组分的物质的量如下：

平衡时组分：	N_2O_5	N_2O_3	O_2	N_2O
平衡时物质的量（mol）：	a	3.24	9	b

据 N 原子守恒可得：$2a+3.24\times2+2b=8\times2$。

据 O 原子守恒可得：$5a+3.24\times3+9\times2+b=8\times5$。

解得 $a=1.88$，$b=2.88$。

所以 N_2O 的物质的量浓度为 2.88mol ÷ 2L ＝ 1.44mol/L。

答案：1.44mol/L。

（三）体积守恒法

体积守恒法的本质是利用有些反应前后体积不变的原则，进行相关计算。

【例】某温度下，在一个容积可变的密闭容器中，开始充入 2mol X 和 3mol Y，发生如下反应：aX（g）＋Y（g）$\rightleftharpoons$ Z（g）＋W（g），已知该反应在此温度下的平衡常数 $K=1$。达平衡后，温度保持不变，扩大容器体积至原来的 20 倍，X 的质量分数在整个变化过程

中保持不变，则 Y 的转化率为 （　　）

    A. 50％   B. 12％   C. 36％   D. 40％

解析：据题意知：将容器体积扩大至原来的 20 倍，X 的质量分数不变，说明压强的变化对该反应平衡无影响，从而推导出该反应前后气体体积不变，即 $a=1$。

假设 Y 消耗的物质的量为 b mol，用三行式表述如下：

$$X（g）+Y（g）\rightleftharpoons Z（g）+W（g）$$

	X（g）	+Y（g）	Z（g）	+W（g）
起始（mol）	2	3	0	0
转化（mol）	b	b	b	b
平衡（mol）	$2-b$	$3-b$	b	b

温度不变，平衡常数不变，则 $(2-b)\times(3-b)=b^2$，解得 $b=1.2$。

求得 Y 的转化率为 $1.2\div3\times100\%=40\%$。

答案：D。

三、差量法

差量法的本质是利用反应前后气体体积或物质的量发生变化时的固定的差量进行计算。

【例】有一固定容积为 10L 的容器，现向其中充入 4mol X（g）和 2mol Y（g），一定条件下发生反应：$2X（g）+Y（g）\rightleftharpoons 2Z（g）$，一段时间后反应达到平衡，测得容器内反应前后压强比值为 6：5，温度不变，则 X 的转化率为 （　　）

    A. 69％   B. 25％

C. 10％   D. 50％

解析：根据阿伏伽德罗定律推论：相同温度、相同体积时，压强之比等于气体的体积之比，即物质的量之比。根据题意可得，反应后混合气体的总物质的量为 5mol。

再结合本反应特点，通过观察可知，反应前后气体体积之差就是参加反应的 Y 气体的体积（物质的量），故该反应中参加反应的 Y 的物质的量为 1mol，则 X 参加反应的物质的量为 2mol，转化率为 $2 \div 4 \times 100\% = 50\%$。

答案：D。

四、虚拟思维法

虚拟思维法也可称为假设法，其实质是先将某一个量进行假设，假设其为某值，然后按照假设进行计算，再与现实中的取值进行比较，从而得出假设取值和真正取值的实质。

【例】某一密闭反应容器用固定隔板隔成甲、乙两室（如图），保持温度不变，其内进行着如下反应：$2X(g) + Y(g) \rightleftharpoons aZ(g)$，然后向甲、乙两室中分别都充入 3mol X、4mol Y，达到平衡后，测得甲、乙两室中 X 的浓度之比为 5∶3，则此时两室中 Z 的体积分数的关系是（   ）

甲	乙
aL	2aL

固定隔板

A. 甲＜乙   B. 甲＞乙

C. 甲＝乙　　　　　　　D. 无法确定

解析：因为该反应中 Z 的化学计量数为 a，我们假设 $a=3$，乙容器相对甲容器来说，体积扩大至 2 倍，相当于减压，但 $a=3$ 时，压强对反应平衡无影响，两容器中 X 的浓度之比应为 2：1，大于 5：3，说明增大压强平衡向右移动，即 $a \neq 3$，且 $a<3$，也就是说，甲容器中的化学平衡相对右移，生成的 Z 物质的量相对较多，而气体总的物质的量又相对较少，所以，达平衡后，甲室中 Z 体积分数＞乙室中 Z 体积分数。

答案：B。

后 记

从教 20 余年，经常在办公室给年轻教师解释一些化学知识，忽然有一天，同事小张笑着说："孙老师，你就是化学活字典啊，可以编书了。"这使笔者产生了写书的冲动。接连琢磨了好几天，写哪方面的书呢？理论方面的吧，知识深度有限，实际应用生产的少，意义不大；教辅方面的吧，市面上成熟的很多，价值也不大。参考了一些书目后，笔者决定还是写一些与生活相关的化学常识，既可以帮助大家多掌握一点化学知识，也可以积累素材，指导自己的课堂教学。

在编写过程中，笔者一边构思篇目的结构、篇幅的长短，一边在学校图书馆、学校电子阅览室学习参考《无处不在的科学丛书：无处不在的化学》《生活中无处不在的化学原理》《神秘化学世界：化学世界之谜》《生活中的化学》《化学史》等书籍，受益匪浅，再结合工作中自己整理的几篇方法总结，最后又添加了一些跟岗学习的体会，列纲目、想标题、填内容，然后再修改提纲、修改内容，由少到多、由粗到精、由繁到简，最终成稿。

在编写的过程中，同事们给予了笔者极大的关心和帮助，有的帮助笔者搜集资料，有的帮助笔者校正稿件，有的帮助笔者设计版面，最终使得内容更为翔实、排版更为合理、明显的错误得以纠正，在此表示深深的谢意！

虽然尽心竭力想把最全面、最精彩、与生活关系最密切的化学知识以最简洁的方式奉献给大家，但是终因本人能力有限，书稿难免有纰漏和不足，请各位读者批评指正，不胜感激！

笔　者

2018 年 3 月 17 日

参考书目

1. 本丛书编委会．无处不在的科学丛书：无处不在的化学［M］．北京：世界图书出版公司，2017.

2. 刘鹏．生活中无处不在的化学原理［M］．北京：现代出版社，2012.

3. 徐冬梅．神秘化学世界：化学世界之谜［M］．长春：北方妇女儿童出版社，2013.

4. 赵雷洪，竺丽英．生活中的化学［M］．杭州：浙江大学出版社，2010.

5. 托马斯·汤姆森．化学史［M］．刘辉，池亚芳，陈琳，译．北京：中国大地出版社，2016.

6. 何锐．学科智慧丛书：化学的智慧［M］．武汉：湖北教育出版社，2009.

7. 张平，竺际舜．生活中的化学：化学应用与拓展［M］．上海：上海教育出版社，2015.

8. 白建娥，刘聪明．化学史点亮新课程［M］．北京：清华大学出版社，2012.

9. 法布尔．化学奇谈［M］．黄媛媛，鲁艾伦，译．北京：海豚出版社，2012.